U0042576

GET DIFFERENT

瞬間吸睛行銷力

靈活運用DAD架構，做出差異化產品。
勾引目標受眾注意，引導他們採取行動。

麥克・米卡洛維茲
（Mike Michalowicz）——著

陳珮榆——譯

>>>> 好評推薦

我驚訝的發現，這本書的內容跟我創業過程中學到的行銷心法有高度貼合之處，差別只在我花了 15 年，繳了數億資本額當學費，而你僅需翻頁享受這一個又一個好看又有料的實例故事，即可輕鬆體會。

當這個世界變得越來越平庸，注意力稀缺，品牌與認同都更加碎片化。行銷，不再只是一種感性的品味設計，猜測消費者需求的召靈儀式，更是結合科學與實證的現代鍊金術。沒有人不需要行銷，尤其當你想要脫穎而出。

這本書是寫給那些務實築夢者的行銷寶典。

——**林益成** ╱ 春樹科技營運長暨共同創辦人

行銷的目的是為了讓更多人認識及留下印象，進而堆疊成更好的品牌形象。麥克・米卡洛維茲讓行銷變簡單且好玩，以差異化吸引目光，讓你的客群採取行動，此書提到 DAD 架構是值得學習的行銷「舞步」。

——**張士祺** ╱ D+AF 執行長暨共同創辦人

≫ 目 錄 ≪

本書獻給你們，我的讀者

≫ 到網站 https://immersewithmike.com/ ≪
和我一起邊讀邊體驗這本書

我們來一起完成吧！

▍前言

是的，其實沒有前言。

前言是什麼？能吃嗎？讓我們直接切入正題吧！

你我有更重要的事該做，像是攸關事業存亡般重要的大事。

你提供大家所需、眾人會喜歡的產品。或者，至少是多數人知道的話會喜歡的產品。

但要是它的存在鮮為人知，你的產品又有什麼用？

缺乏行銷——舉凡好的、有效的、與眾不同的行銷——是小本生意流於平庸、發展受阻的主要原因。有太多好的產品和服務在默默無聞中凋零。我們不要再容忍這種事發生。在本書的尾聲，我們將保證，讓你無論如何都能在競爭激烈的市場裡博得關注與好評。

準備好了嗎？

一起來把你的產品賣光光！

第一章
行銷是你的責任

我真的吸進去了。

亞尼克 ‧ 思爾佛（Yanik Silver）朝我臉上吐出一團大麻菸霧。我唯一能做的就是把它吸進去。

萬萬沒想到，我最重要的一堂行銷課，居然會是在打撞球的時候學到的，四周還瀰漫著大麻味。這種間接吸麻的快感持續了一輩子。

亞尼克是眾所皆知的網路行銷教父。早期，在大家仍期待聽到美國線上（AOL）招牌通知音效「您有新郵件」（You've got mail）的時候，他就推動了電郵行銷的創新使用。當大家還以為創新網站指的是上面掛個「建置中」的GIF 動圖時，他已率先開創了長篇文案的銷售頁面，搭配專業的產品照片和清楚明瞭的行動呼籲按鈕。亞尼克的行銷頭腦造就了他夢寐以求的公司 Maverick1000，他創立這家全球網路公司，以此體現他的人生目標：支持有遠見的企業家發展事業，進而對世界產生更大的影響。

我的第一本書《衛生紙計畫》（*The Toilet Paper Entrepreneur*）

剛發行時，我內心抱持著「好書自然會暢銷」的信念，沒有任何疑慮。因為深信不疑，我還擔心第一個月就會全部賣光，畢竟「蓋好了，人自然會來」[1]，對吧？於是，我開始跟朋友們籌錢，清空「只有緊急情況才能動用」的緊急儲蓄帳戶，追加兩萬本精裝版——結果，這些書至今仍囤在物流中心，積滿灰塵。我的新書發行計畫徹底失敗。上市當天，我的銷售掛蛋，一本都沒賣掉。你懂我的感受嗎？連自己老媽當天都沒捧場一本。哎喲喂呀！

失敗後，我有兩個選擇：學習如何有效、快速的行銷；不然，就放棄我的夢想。

但要從哪裡開始？當時有些成功行銷人士的宣傳策略讓我覺得噁心。到 2005 年，網路行銷已經變得相當普遍，從事這項工作的人通常有個頭銜：資訊行銷人員（infomarketers）。至少當著他們的面，別人會以資訊行銷人員稱呼，但背地裡是怎麼稱呼這些油嘴滑舌的人，我就不多贅述了。你懂我在說哪種人。那些傢伙會跑到停機坪（偷溜進去的），站在一架私人飛機前面（不是他的），或者靠在新款賓利旁邊（租借幾個小時），然後向你承諾全世界。他們的作法說好聽點是惡劣與虛假，說難聽點是操縱人心和巧取豪奪。

亞尼克總是跳脫時下伎倆，放大格局的思考，他不需要

---

1. 譯注：if you build it, they will come，出自美國棒球電影《夢幻成真》（*Field of Dreams*）的經典台詞。

透過虛假的照片和訊息來「證明」他了解自己的產品。亞尼克真實、真誠、實在的行銷，這就是我向他討教的原因。

我極力想讓別人注意到我的書，但我又不想採取那種資訊行銷人員所使用的低俗伎倆。所以，我開始試著按照所有傳統作家都知道的行銷方式，遵循「圖書行銷法則」——發布新聞稿、舉辦新書簽名會、開設部落格、找知名人士背書——然而，除了寥寥可數的銷量，我的努力完全沒有帶來任何成效。

我轉著手裡的球桿，跟我的新知音傾訴沮喪的心情。

「五號球，底袋。」

亞尼克遊刃有餘的在撞球桌旁走動，一邊喊出擊球目標，一邊專注聆聽我的故事。他一聲令下，球就滾進袋口。最後，他動作熟練的將八號球擊落球袋，讓母球緩慢滾回下局比賽開始的確切位置，結束這一局。與此同時，我像棵盆栽植物站在旁邊，拚命講述自己努力賣書的經過，不過，是一棵不知變通盆栽。

比賽結束，亞尼克示意我拿起啤酒，跟他走到外面露台，眺望馬里蘭州連綿起伏的山丘。感覺像經歷電影裡漫長而戲劇性越來越強烈的時刻，他終於開口：「你的書有比別人的好嗎？」

「有呀！」

「你的書能比那些資訊行銷人員提供更好的服務給讀者嗎？」

「那是當然的。書裡涵蓋所有我知道的事，適合企業家閱讀。」

「如果顧客購買資訊行銷人員提供的服務，不買你的書，那會怎麼樣？」

「他們會受騙上當，亞尼克。我的書比那些垃圾話好多了，我非常確定。」

亞尼克笑了，好像我終於講出他要的答案。「那麼你就有他Ｘ的責任打敗他們。」

哇嗚！

亞尼克在他旁邊小桌子開始捲起大麻菸，繼續說：「如果別人買了爛東西，那可能是**他們的**問題，但錯在你身上。」

雖然氣溫和煦，但我感覺背脊發涼。他說得沒錯，這是我的責任，如果我明知自己有一套比外面糟糕的商業建議更可行的辦法，但別人卻不知道，那就是我自己該死的錯。

亞尼克剛在我旁邊講出令人震撼的真相，同時大麻菸也捲好了。他接著說：「別人會買到爛東西很正常，因為他們只買他們知道的東西。如果你的解決方案更好，你必須讓他們注意到。」

他抽了一口，不經意把煙吹到我的臉。這是意義深遠的

時刻，我全部吸了進去，包含那團大麻煙霧。

亞尼克靠在椅背，凝視著地平線。「麥克，你更重要的理由是什麼？」

「我更重要的理由？什麼意思？」

「你為什麼會在這個星球？你打算對我們世界帶來什麼影響？」

哇靠，老兄，我不過想賣個書而已，亞尼克老師卻談起生命意義了。但話說回來，我又有什麼資格質疑一個行銷專家呢？

也許是有股強大的力量介入，也許我內心一直都知道答案，又或者只是大麻的催化作用。但接下來我說出的那段話，讓我從今以後都用那段話來定義我的人生目標。那段話激勵我每天早上從被窩爬起來，挺過漫長、辛苦的日子；那段話讓我在每次演講前振作起來；在我滿腔熱血為讀者撰寫本書的時候，是那段話指引著我。

「我是為了解決企業虧損問題而來的，」我告訴亞尼克：「這就是更重要的理由。」

「企業虧損問題。」亞尼克覆誦，彷彿在斟酌他想講出的字句。

我的屁股往前坐一點。「沒錯。我相信企業家可以改變世界，他們是改革者和問題解決者。他們可以解決我們的一

些大麻煩，可是大多數企業家只能勉強度日。要是我能幫助業主擺脫企業虧損的問題，他們就能隨心所欲從事世界亟需的大事。」

亞尼克又抽了一口大麻後說：「這就是最重要的。如果你的書會幫助你實現更重要的理由，而且最適合企業家，你就必須找出比別人更好的方法來推銷這些書。」

一陣間接呼麻的快感吹響了我戰鬥的號角。你的使命現正召喚你。

你的行銷使命並不是你一個人的事情，它還涉及更多、更重要的事情，事關你個人、你的家庭、你的社群以及<u>全世界</u>。如果你提供某些有用的事物，你必須讓所有人都知道。我們需要你，但我們「不知道你的存在」。「不知道你的存在」這個部分，就是你有責任解決的。立即開始行動。

迅速列舉你比競爭對手更好的地方。你的服務更周到嗎？你可以提供更好的客戶體驗嗎？你能為客戶提供更多服務嗎？你的產品更耐用嗎？你的東西有讓客戶覺得比競爭對手提供的更好嗎？你是否更了解客戶需求？或許，你在許多方面都是贏家，我猜你很快就能找到至少一個「更好的地方」，或者很多個。所以這是個很容易證明的事實：你比競爭對手更好。

而且，如果你提供的在各方面都比其他選擇更好，你就

不該只是嘗試行銷給你的潛在客戶——而是你非銷售給他們不可。你有責任打敗競爭對手，無論對手是大企業還是小公司——打敗那些不擇手段、鮮少付出、沒有你那麼重視自己服務對象的公司。否則，你就是讓你的客戶任人宰割。你有責任大力推銷你的公司，這樣才是對待你的客戶和潛在客群的正確方式。如果你為你的客戶和潛在客群提供了更好的選擇，但他們卻不知道它的存在，他們只能被迫妥協——那可能是他們的問題，但解決這個問題是你的責任。

優秀的產品需要不一樣的行銷手法

那天在亞尼克家，他讓我想起我的人生目標：解決企業虧損問題。從以前到現在，太多業主為了獲得財務自由與掌控自己的人生而創業，卻不斷陷入現金危機，感到疲憊不堪；從以前到現在，縮小追求夢想的自由與苦苦掙扎的現實之間的差距，一直是我的人生目標。這也是我為什麼會撰寫第一本書、這本書、以及這段期間的每一本書。《衛生紙計畫》不是一張「更好的名片」，既不是為了「開發用戶」，也不是為了讓自己發財。我想幫助讀者做到實在、長久的改變。但不知怎麼搞的，我迷失方向了。

現在回想起來，我還是很氣自己。因為我知道可以更好。

成立前面兩家公司讓我學到，想找出需要你的人，**唯一**辦法就是精通行銷，這個與精通「行銷計畫」毫無關聯。如果不能一開始就吸引潛在客群的注意，任何計畫都只是想像出來的。

　　道理很簡單。行銷發生在毫秒之內，而不是幾個月。根據《時代》雜誌（*Time magazine*）報導，每個網站吸引瀏覽者注意力的時間，平均只有十五秒。Instagram 報告指出，用戶觀看單則貼文的時間不到十秒。那麼更多的接觸式行銷（tactile marketing）呢？我敢打包票，你一定是以曲速[2]在翻閱你的垃圾郵件。

　　根據美國互動廣告協會（Interactive Advertising Bureau）的論點，一則廣告必須至少博得觀眾一秒鐘的注意力，才有機會成功。如果潛在客戶不到一秒鐘、一下子就把廣告轉走，你就失去他們了。雖然行銷計畫是安排哪些有效作法的絕佳工具，但你的首要任務是弄清楚，哪些作法可以在毫秒之間達到效果。

　　試試看。現在，以你最快的速度眨眼。你剛才眨眼花了十分之一秒，平均眨眼時間是──記住這個數字──250毫秒。根據《基督教科學箴言報》（*The Christian Science Monitor*）報導，思考產生到付諸行動的時間不到 150 毫秒。換句話說，眨眼比認知上注意到某件事並判斷如何處理所花

---

2. 譯注：warp speed，超越光速。

費的時間更長。重點是什麼？成功的行銷發生在一眨眼的瞬間。你的潛在客戶可能一眨眼就離開；或者，你做對了，他們就會留下來。你需要爭取那個眨眼的瞬間。

想在毫秒間成功達到行銷的關鍵很簡單：與眾不同，讓別人非注意到不可。擁有足夠的差異性，使人類大腦的本能強迫潛在客群注意且判斷他們所看到的。

諷刺的是，雖然我用「跳脫框架」（out-of-the-box）的行銷點子打敗競爭對手，讓我的業務進帳數百萬美元，但在推銷自己的書方面卻落入窠臼，比照現行模式。我做的恰恰是保證沒人會發現我的方式，也就是採取跟業界人士一樣的行銷手法。

我花了幾週時間才明白，自己為什麼遵循業界的標準模式：因為我認為自己不是「一個真正的作家」。沒錯，我寫了一本書，但我只是新手作家，即使對自己作品有把握，卻沒有信心別人會怎麼評價它。

感覺就像上高中的第一天，我是外地來的新學生。內心忐忑不安。我能找到屬於自己的圈子嗎？他們會注意到我嗎？我會受人歡迎嗎？還是校園惡霸會從背後把我內褲拉起來套頭？就像是到新學校的第一天。出版著作，乃至於表達任何有意義的立場，都是令人不安的時刻。

事實上，我想在不被察覺的情況下受人關注。我想獲得

受人關注的好處，卻不願冒著受注目的風險。要是別人認為我太另類、太愚蠢、紐澤西氣息太重，怎麼辦？我寧願接受沒人關注的平淡安逸，也不願膽顫心驚冒著讓人無法忽視的風險。

我終於恍然大悟。坐在亞尼克家的露台上，我理解到，我們對於鶴立雞群的恐懼，就是難以得到關注的首要原因。人們之所以打不贏行銷這場遊戲，是因為大家按牌理出牌，但規則甚至根本就不存在。

亞尼克總算讓我釐清自己頭緒後，我又回到那個策略，也是那個始終有效的唯一策略：採取不一樣的行銷操作。

我想到幾位真材實料的資訊行銷人員，他們不屬於巴結奉承的那一類。他們的共同點是什麼？那些資訊行銷領域的良善人士，因為與眾不同，最終能夠脫穎而出。

舉例來說，傑夫・沃克（Jeff Walker）十多年來推銷一項產品——「產品上市方程式」（Product Launch Formula, PLF），至今仍持續進行中。他做別人沒有做過的事情，最後成為業界權威。傑夫沒有炫富的豪宅莊園，他在科羅拉多山上住了二十多年的自宅裡製作影片；他沒有租來的賓利，而是繼續開那輛非常老舊的 1997 年福特 F-350 皮卡車，只因為他喜歡這台車。當競爭對手極盡諂媚討好，傑夫則以真性情示人。與眾不同，並非去做更多別人所做的事情，與眾不

同是多做你自己。

在我心中，我知道我的書比別人的更好，但那又如何？在受人關注之前，有沒有更好並不重要。除非你與眾不同，否則沒人會注意到你。

聽著：你擁有超棒的產品。那是你運用想像力、好幾晚的失眠、汗水以及決心完成的。這項產品很重要。重點來了：你知道用戶（目標客群）會喜歡這項產品，他們會需要這項產品；問題是，你完成這項產品，但不管電影承諾過什麼，就是沒人來，可能連你媽都沒來。而且在你做出差異之前，都不會有什麼人來。也許你已經把錢花在那些所謂的專家告訴你「每個人」都必須這樣才能競爭的行銷策略；也許你已購入文案寫作課程；也許你雇用了文案寫手；也許你甚至派那些文案寫手去上你學過的課程──你做了這些或更多的努力，但現在也只是讓銀彈所剩無幾。

你沒辦法像大企業那樣砸錢打廣告──你也不該那麼做（我只是提醒你）。但你總得想辦法推銷你的東西吧？所以你會買些便宜的網路媒體廣告，投放亞馬遜站內廣告、Google 廣告、Facebook 廣告、找家廣告公司操作所有平台上的廣告。然後繼續這樣的循環。你會參加另一門課程，學習如何更有效的運用廣告。你會嘗試產品 DM（Direct Mail）廣告、YouTube 教學、節慶行銷（holiday promotions）。結果到最後仍未見起色，你沉溺在絕望的妄想之中，心想：「要是我能買下超級盃廣告，那就好了。」

儘管你付出所有的努力和希望，但似乎就是無法找到足夠的潛在客群來實現你的目標。你就在那裡，掌握這個好東西，想知道自己能不能接觸到更多會喜歡它、需要它、讚美它的人，找到**會買它的人**。沒買到是他們損失，但你也失去了一切。

可悲的是，這些徒勞無功的事情卻在許多自嘲的說法中被合理化。「我只是不知道怎麼行銷」、「也許這個東西沒有我想得那麼好」、「也許其他產品更優秀」、「也許我發明的產品根本不值得推銷」、「也許這個只是無用的垃圾」。

我認為這些話是胡說八道。

問題不在於產品。我知道不是。畢竟，你在這裡了。你正在閱讀本書，希望推銷你擁有的東西。你擁有的東西很棒，是別人所需要的。**問題不在於你提供什麼**，也不是缺乏多方嘗試。該死，你全心全意投入你的業務生意，盡你所能的宣傳，進行任何你認為有效的作法。這就是問題所在。

我知道以上聽起來可能讓人困惑。我的意思是，採取別人使用過有效的行銷作法，肯定會讓你的行銷起不了作用。模仿競爭對手，等於是在做讓別人看不到你的事。你必須克服被評議論斷的恐懼，跳出框架，與眾不同。

聽著，行銷失敗的主要原因，就是因為你採取符合業界「有效」模式的作法。企業老闆們一直在做其他企業老闆做過的事，這表示每個人都試圖用同樣的方法超越彼此，只是稍作改良。然而，當每個人都使用同樣的方法，就沒有人脫穎而出。同樣的方法改良後，還是無法讓人看見。當你的行銷策略與競爭對手相同，那你在毫秒之內就輸了。潛在客群看到某些過去認定不值得留意的廣告，現在你又重複同樣性質、只是版本不同的廣告，所以一眨眼的功夫，他們就離開了。

　　為什麼我們會被所謂「經檢驗有效」的行銷作法所吸引？問題核心在於我們害怕突出顯眼。我們想看起來跟別人一樣好，所以表現得跟其他人一樣。我們不想讓人覺得我們不知道在幹嘛。我們以為這些老字號企業都是這樣，採取相同模式才行得通。我們以為生存等於順應潮流。

　　問題是，如果我們專注於融入業界生態，那麼潛在客戶要如何發現我們？

　　想像一下：你待在一個房間，裡面有五百人都穿相同的灰西裝，其中一人是你的靈魂伴侶。要在灰色人海中找出你的完美伴侶談何容易？很難，幾乎不可能。

　　現在想像有個身穿紅西裝的人。那個人在一毫秒內就引起你的注意。所以，與其接下來八小時裡一一面試其他五百

人，不如從穿紅西裝的那位開始會比較簡單——而且說真的，你甚至可能會說服自己他就是對的人，只因為你一眼就見到他——這是關於尋找靈魂伴侶的例子。去他的真命天子天女。想到要在茫茫灰色人海裡賣力尋找幾個小時，就覺得精疲力竭。試想一下，你的潛在客戶會花多少精力來尋找穿著低調灰西裝的你。即使你是他們的靈魂伴侶，你有什麼機會引起他們的注意呢？

服裝規定要求灰色，大多數企業就不會穿紅色，但他們會設法成為更好的灰色選擇：深灰色、淺灰色、或偏灰的灰色。即使他們確實是更好的選擇，但誰會知道？他們全都穿相同的顏色。

採取和別人一樣的行銷作法，一遍又一遍，做得更好，只會讓你感覺超級挫折。難怪那麼多企業認為市場行銷只是浪費時間和金錢。誰擅長騎旋轉木馬？不管跳上哪個座位，都是固定在金屬桿的彩繪馬匹，不停繞圈圈，哪裡也去不了。

無論如何，你接下來的人生務必記住這點，把它寫下來，貼在浴室鏡子，刺在屁股上，看在上帝的份上，反正千萬別忘記：比別人好，沒有更好；跟別人不同，才會更好。

「不同」指的是你能在轉瞬間、行銷的毫秒內脫穎而出。大家預期灰色，你卻穿紅色現身；別人在炫耀他們（租來）的賓利敞篷車，你卻開著福特 F-350 皮卡車。與眾不同指的

是，以跳脫外界預期方式呈現在世人眼前，必定引人注目。

自從頓悟行銷真諦以來，我已經為幾十萬名企業家進行過專題演講。當然，我會利用這些活動分享自己所知，但鮮為人知的是，我也藉由這些活動進行機會教育，點出現狀的危機。我特別喜歡透過現場調查來說明。

我跟他們說：「請兩兩一組，跟對方分享自己開發潛在客群的最佳辦法。」

幾分鐘後，我拿出簡報板與馬克筆，「每個人都舉起手，聽到適合你開發潛在客群的點子後就放下。」

就像遊戲節目《命運轉盤》（Wheel of Fortune）的最後一輪，主持人派特・薩賈克（Pat Sajak）會提供參賽者五個熱門字母，然後他們再自選幾個字母拼出解答，我在板上匆匆寫下「三大」要素：「口碑」、「客戶推薦」及「網站」。約有95%的人把手放下。我請在座仍舉手的人講出他們心目中的獨特辦法，有人說「內容行銷」（Content marketing）也是一大要素，我把它寫上去後，剩下的大多數人都把手放下了。其他人又講了幾個點子，像是「付費廣告」或「貿易展覽」。講到第六或第七個點子時，所有人的手都放下了。

室內擠滿了幾百名、有時幾千名商界人士，彼此在某程度上是競敵關係，他們都有相同的六個點子。他們試圖以相同的六個行銷方法，都穿同樣的「灰西裝」，卻想超越對方。

在這個小型實地調查裡，他們都明確表示，他們以相同的方法行銷：他們以相同的語言回答相同的問題，他們遵循相同的「最佳實務」行銷模式和策略；但不知為何，他們仍以為自己跟別人不一樣。即使**看**到許多人聽見「口耳相傳」或「內容」後把手放下，也無法暗示他們，在開發潛在客群方面，他們並無二致。因為他們即使都採取完全相同的行銷，還是<u>覺得</u>自己好像在這方面做得更好，或覺得自己更有特色。

或者更糟，有些人因為潛在客群大多來自客戶推薦那邊而感到自豪。他們會這樣說：「我們不需要擔心行銷；口碑相傳是我們的主要客群來源。」這種空泛不實的口碑策略根本不算策略，你不過是把行銷工作交到客戶手中，讓他們心血來潮時替你宣傳罷了。

被動等待客戶推薦不是行銷。如果有的話，口耳相傳是一個極好、儘管偶爾才會出現的機會來源——但關鍵前提是「如果有的話」。如果你的新生意有一大部分是透過推薦和口耳相傳促成，那麼你不是在行銷，你只是在祈禱顧客幫忙行銷。你無法掌控自己公司的發展，單靠客戶完成。口碑應該只是點綴，不能當成主體。

跟別人一樣的行銷操作如同白噪音。對你來說，能夠控制潛在客戶流量（提高或限制流量）的唯一辦法，就是使用

不同於競爭對手的行銷策略。與眾不同，這個才是主體。

　　舉個例子。馬克斯，杜洛維克（Max Durovic）覺得很無聊，真是太無聊了。他在加州一家快餐店工作，工作內容之一就是當人體廣告看板站在外面，一站就是好幾個小時。但如果不只是把廣告看板掛在身上呢？如果把看板旋轉起來會怎麼樣？果然，旋轉廣告看板比站著不動有趣多了，所以他用手指轉動它。就這樣，馬克斯無意間轉出不一樣的行銷手法。

　　那年夏天，馬克斯發明「花式轉招牌」（sign spinning），基本上就是用箭頭形狀的招牌進行特技表演，替企業打廣告。他說這個「既是戶外廣告，也是行為藝術」。你看過轉招牌的人嗎？很引人注目，對吧？你隨時都能看到招牌，招牌的數量多到看不清。人類大腦會有效忽略無關緊要的事。但只要加一點點不同的神奇變化，把招牌拿起來輕拋、翻轉、旋繞，你就會盯著原本大腦忽略的玩意兒。

　　2002 年，馬克斯成立 AArrow 股份有限公司，現已在全球十個國家設立了三十多個據點，簽下數千名花式轉招牌的特技人員。他們甚至在拉斯維加斯舉行一年一度的轉招牌競賽。與眾不同，做得好，就成功了。

　　潛在客戶與你的初次體驗、對你的第一印象，這些都是你的行銷策略。如果你的行銷策略跟業界其他人一樣，你的

潛在客群也會以為你跟他們一樣，只是另一個可以忽略的招牌。與眾不同，是指以在場沒人做過的方法來行銷；與眾不同，是指採取不一樣的行銷方式，不常見、跳脫預期、讓人難以忽略。要與眾不同到你從競爭對手採用「六大行銷」的白噪音中還能脫穎而出，讓理想的客戶都忍不住注意到你。

這就是你的戰鬥宣言啊！

你必須採取不一樣的行銷方式，因為這個世界需要發現你。聽著，你經歷了一段瘋狂的人生旅程才走到現在，你可能是單槍匹馬的企業家，獨自承擔所有的重擔；又或者，你是業界中「坐在教室後方的新學生」。無論你的情況如何，現狀好不好，無法引起注意的行銷就有風險。冒著引人注意的「風險」，是萬無一失的新作法。

準備好了嗎？這是屬於你的時刻，孩子。

可能失敗的原因

把我的書從貨車上清空的那一天，是我人生中最糟糕、最疲憊的一天。亞尼克・思爾佛讓我相信，推銷我的書是我的責任，但我還有剩餘將近兩萬本的《衛生紙計畫》需要處理。物流中心每個月向我收取一千美元的倉儲費，因為書賣不出去，我沒有理由、也負擔不起這筆費用。我只有兩個

選擇：回收這些書，也就是把我的書變成紙漿；或者，把這些書全部運來我家，可以省下倉儲成本。而我選擇後者。

我從貨車把一個一個的箱子搬下來，搬到地下室、閣樓、床底（換掉下墊）、孩子們的房間、車庫、後車箱、後座及副駕駛座。汗水從我身上滴下來，T恤溼透，膝蓋麻痺，全身痠痛不已。然而，彷彿每個箱子讓我變得更強大──用「怒火中燒」來形容或許更好；我不是對自己生氣，我氣的是競爭對手。我手上有兩萬冊的書，可以讓兩萬人閱讀。我認為這像是在囤積自己的書，不讓需要的人看。這點讓我很生氣。

那天到了最後，所有的箱子都卸下來，貨車也開走了。我坐在我家的門廊上，承諾自己非賣光家裡這些書不可。理由並不是我需要賣掉它們，而是未來的讀者需要閱讀它們。

我一直在做不同的事，嘗試新的行銷策略，希望吸引理想讀者的注意。即使後來我開始以作家身分受到關注，即使拿到第一份傳統書籍出版合約，我仍持續專注於銷售那本書。我辦到了，我把所有書都賣掉，後來又賣出十萬本。

那天我本來可以認輸，讓那堆書積滿灰塵。我大可讓貨車把它們送去垃圾場。我本來可以打安全牌，將注意力轉回到過去經營的業務上。但我知道我擁有讀者需要的東西，我有責任將它推銷出去。[3]

十年前我發過誓。我永遠會想盡辦法讓地球上每位企業

---

3. 若想進一步了解我行銷書籍的方式，可以參考 2013 年 6 月，朵莉‧克拉克（Dorie Clark）在《富比士》（Forbes）的文章〈How Mike Michalowicz Went from Unknown Self-Published Author to Mainstream Publishing Success〉。在我的網站 gogetdifferent.com 也可以閱讀該篇文章，並瀏覽其他所有免費的資源。

主都知道我所提供的服務，哪怕我的競爭對手規模更大、經營更長久或財力雄厚。因為我相信我的產品是對讀者而言最好的解決方案，我有責任讓他們知道。我再也不會等待別人來找我；我會讓他們看到我。

你也必須立下誓言，透過引起注意來服務社會大眾的誓言。但，只是承諾還不夠；你必須克服有效行銷的最大障礙：恐懼。

如果你屈服於恐懼——害怕未知、與眾不同、遭受批評的恐懼——就無法成功。向恐懼屈服是夢想的殺手。你知道的，我敢肯定。不過，重要的是你要知道，只有採取行動，這本書才幫得了你。你必須馬上做出選擇，即使害怕，也要堅持這個行銷操作模式。

你想打安全牌還是想要成功？這是非常嚴肅的問題，在回答這個問題以前，請仔細思考。我猜你會說「想要成功」，但你是認真的嗎？你非常非常認真嗎？很遺憾，大多數人不是。

大多數人選擇安全而不是成功，他們的行動說明了一切。<u>嘴上說</u>想要勇敢無懼，但又不願意放棄群體共同性的安全感。不敢讓自己跳脫出來，害怕遭受羞辱或嘲笑。不想要特技轉招牌，不是因為害怕失手弄掉，而是害怕<u>被人看</u>到自己失手。如果你不願意打破規則——顯然，這些不是真的規

則，而是你給<u>自己</u>定的規則——你也會困在不被注意的安全感裡。

行銷不是捉迷藏遊戲。它是一項使命，要像燈塔一樣顯眼和引人注目。不要指望別人主動發現你，要求別人看見你。你是迷霧裡的明燈，平庸中的最佳選擇。再說一遍，因為忠言永遠不嫌多：你有責任打敗你的競爭對手。你在過程中可能有的時候、或者很多時候只能坐冷板凳，除非你努力且不斷嘗試，否則永遠只是那個「懷才不遇」的人。勇於挺身，勇於突出，勇於與眾不同。勝負成敗端看你怎麼選擇。

當使命遇上宿敵

有次我和女兒沿著大峽谷邊緣健行，眺望遼闊寬廣的斷層地形，心想，是什麼動機促使人從峽谷的這邊走到另一邊？沒錯，是夢想，肯定是個遠大的夢想。但這個夢想足以讓人不管經歷什麼嚴峻考驗都能夠堅持下去嗎？也許不能。許多人在完成夢想前就放棄了。

但如果這是一項任務呢？如果我女兒在峽谷的另一邊？如果女兒的性命全靠我穿越大峽谷呢？徒步從這邊走到另一邊，得長途跋涉二十多英里，如果有個壞蛋正穿越同一個大峽谷，意圖殺害她呢？這時候已經不是夢想了，而是一項使

命。所愛之人的性命岌岌可危，結果完全掌握在我手中。如果我完成這趟驚心動魄的路程，她就能活下來；如果我失敗了，她會喪生，我的靈魂也會隨她逝去。

你服務的客戶現在就身處險境，壞蛋正朝著他們前進。眼前有個比你的夢想更重要的事情，你有一項任務：拯救你的客戶。無論你將面臨什麼樣的挑戰，要穿越什麼樣的斷層鴻溝，都必須趕在壞蛋之前救到他們。

不用多想，直接回答這個問題：誰是你的宿敵？我的宿敵是我出版第一本書時最討厭的那種典型的訊息操縱者，只是他照片背景裡的私人飛機現在可能是他的了。他鼓勵把更大的豪宅、更多的名車和堆積如山的財富當作成功的定義。他定義成功不是透過服務客戶，而是透過競爭對手的失敗。每次我看到這個人的照片都會感到害怕。他完全展現出，我對於以商業為主的「思想領袖」所鄙視的一切。他的訊息受眾與他服務的客群會用百元美鈔點雪茄，然後唾棄那些賺不到錢去做同樣事情的「魯蛇」。問題是，因為他行銷做得好，大家就會聽他的；而且如果大家都聽他的，貪婪就會勝出，誠實的業主就會輸。

為了讓我保持動力，我在辦公室擺了一張他的照片。不是普通照片，是他所有惹人厭的宣傳照片中最令人作嘔的一張。看著那張照片，我時時刻刻提醒自己正背負一個藉由服

務來消除企業虧損問題的使命。為了讓好人獲勝，我必須在行銷方面打敗我的宿敵。

這與自尊心無關。這是從古至今的敵我對抗問題，就像是可口可樂對百事可樂、喬‧弗雷澤（Joe Frazier）對穆罕默德‧阿里（Muhammad Ali）、書呆子對運動健將。我告訴你們，打敗宿敵與服務他人相比，即使沒有超過，也同樣具有激勵人心的作用。我可以認輸，也可以在敵人準備傷害我想要服務的對象時說「該行動了」。沒有什麼能夠阻止我跨越鴻溝。

我們需要一個宿敵。它不一定非得是某個人，它可能是一項業務、一種意識型態、或一個對你的社群有害的事物。我們都需要為某人或某事奮鬥（我們的任務），也需要對抗某人或某事（我們的宿敵）。一旦有了使命與宿敵，我們就會為了自己的夢想成為街頭鬥士。

想知道我的宿敵是誰？嘿，我不會說的。我才不想讓他出名。你就算想盡辦法哄騙我說出口，把我鎖在房間，逼我看幾小時維吉尼亞理工學院美式足球隊的「低潮」史，甚至來場惡作劇，從後面把我的內褲拉到頭頂，我都不會說。這是我的戰鬥，不是你們的。即使我無法接受他的立場，我也不想給他帶來任何負面影響。我只是致力於在行銷方面打敗他。毫不留情。

>>>> 輪到你了

在本書各章節後面，都有一份為你們統整的執行項目與注意事項。每個項目都是下一個項目的基礎，請別跳過任何一項。想成為與眾不同的實踐家（Different Doer，意指採取不同行銷手法的人），就從轉變心態開始。這也是為什麼第一章就是你的戰鬥口號。你需要意識到，你的使命比恐懼更加重要。我不是想消除你的恐懼，我想在你們培養行銷意志力時給予鼓勵。因此，你需要立即採取行動。

不要用「等一下再做」這種安逸的謊言欺騙自己，好好執行章節尾聲的每個項目。一般來說，執行這些用不著十五分鐘。只要十五分鐘。為了長久的改變，為了改善行銷的長久之道，不要遲疑。做吧！

1. 請回答以下各個問題：

　① 為什麼你必須在行銷上勝過競爭對手？

　② 為什麼上述理由比你冒險去引人注意更加重要？

　③ 你願意不惜一切代價脫穎而出嗎？

　④ 如果不做，你、你的事業、你的客戶會怎樣？

2. 接下來，找出你的宿敵。誰或者什麼事正在傷害你本來要服務的社群？有沒有哪個不講道德的人或公司贏得潛在客戶的目光？有沒有一群行銷人員正向你的客戶兜售垃圾產品？有沒有哪種意識型態需要被徹底消滅？你的立場是什麼？你反對的是誰或什麼事？確定你的宿敵是誰。

3. 全心全力投入你的行銷任務。做與眾不同的事情很可怕，我知道，但讓任務失敗、放任你的對手獲勝的話，那更糟糕。不管你心中被喚醒了什麼樣的恐懼，準備承擔你的行銷責任了嗎？我想知道！請寄電子郵件給我，主旨寫「I'm Doing Different!（我正在做不一樣的事！）」（這樣我比較容易在收件匣裡看到你的信），然後寄到：mike@mikemichalowicz.com。在信中分享你的任務，並說明為什麼它特別適用於你和你的社群。而且，如果你覺得有必要分享你的宿敵是誰的話，我保證不會告訴別人。

到 https://gogetdifferent.com 下載免費資源。這裡的工具將有助於你配置你即將學習的所有技術。

第二章
DAD 行銷架構

　　蓋布瑞 · 皮尼亞（Gabriel Piña）很喜歡雪茄。當他來到我在大煙山（Smoky Mountains）主持的四日閉關活動時，身上揹著背包，手裡拖著滾輪行李箱。背包裡裝的是衣服，行李箱裝的是雪茄。你或許覺得，一個愛好雪茄的人應該會有鼠黨[4]那種神氣活現的樣子，像狄恩 · 馬汀（Dean Martin）或小山姆 · 戴維斯（Sammy Davis Jr.）。但蓋比呢？他拉著那只行李箱，看起來只像是走投無路的人。

　　蓋比在 2007 年成立皮尼亞商業服務公司（Piña Business Services），專門提供地方企業行號會計與記帳服務。他採用業內常見的行銷方式：在展場角落設置攤位，寄發電子郵件給潛在客戶，免費提供「產業報告」。在所有嘗試過的方法中，他特別仰賴口碑推薦，藉以拓展公司。儘管付出這些努力，還是很難獲得足夠的客源來維持收支平衡。帳單與債務堆得越來越多、越來越高。2014 年他從聖地牙哥（San Diego）遷移到懷俄明州（Wyoming），更是不得不面對三重打擊：在這裡他幾乎默默無聞，只靠口耳相傳尋找新客戶，

---

4. 譯注：Rat Pack，美國演員組成的非正式團體。

零星增加幾個來自不同產業類型的人脈，破產危機已經迫在眉睫。默默無聞與乏人問津是兩大致命因素組合，扼殺許多好的企業。

由於蓋比的行銷存在感（或者說，缺乏存在感）與業界其他會計師沒什麼不同，幾乎沒有成功開發任何潛在客戶，乏人問津的情況讓蓋比大受打擊。這也是為什麼蓋比決定破釜沉舟，做不一樣的事情，因此他才去了「志願者之州」[5]。

他來到田納西州諾克斯市（Knoxville）參加閉關活動時，眼前面臨兩個選擇：維持原狀，最後收掉公司；或者「孤注一擲」，以全新的方式行銷。蓋比是不屈不撓的鬥士，他選擇傾盡所有去挽救（並拓展）他的事業。我們迅速確定了最佳解決方案，是替他提供的服務找到利基市場，鎖定服務單一社群，讓他能夠將熱情與專長結合起來。透過不斷向單一社群行銷，很快就會發現哪些策略可行、哪些行不通。這個作法讓你可以快速進行行銷實驗，立即找到有效且特別的行銷方法。

「我想成為雪茄專賣店的會計領域權威，」他第二天告訴我：「但我還沒找到新的客戶。」

蓋比是個聰明機靈的會計師，業界聲譽不錯，而且對雪茄這塊瞭若指掌。這樣的條件要吸引店家注意，應該不難吧？理論上是如此，但問題是，他依然仰賴客戶推薦，既很

---

5. 譯注：Volunteer State，田納西州的別名。

少人知道他，又不引人注意。為了保住自己公司，他必須以前所未有的方式向他的社群推銷。不是透過大量的郵件，也不是發動絕望的「拜託！你需要我」的攻勢。而是透過效益高、有別以往的行銷招式。

在閉關活動期間，我詳細講解接下來在本章會與你們分享的架構給蓋比聽。他提出了不同的想法，經過審慎評估，然後進行試驗。他在兩週內完成測試，然後一個月內得到活躍且穩定的客戶流量；接著六個月內，年度收入額外增加六位數。這些對他的企業運作狀況是一大進步，值得來根高級雪茄好好慶祝。事實上，這個試驗效果好到蓋比將它納為可持續發展的關鍵行銷策略之一。我等一下會說他是怎麼辦到的。

就在我坐下來寫他的故事以前，我稍微瀏覽蓋比的社群平台，了解他的近況，看到他貼文分享自己靠生意賺來的錢，買下人生的第一輛新車。現在他意氣風發，不是因為他是抽雪茄的「潮男」，而是當你知道你能夠完全掌控自己的成長時，就會自然流露出那種自信。你知道如何找到新客戶，你決定如何拿捏潛在客群。要達到這樣的程度，你必須先有基本的理解，這個過程為什麼對他有效？為什麼對你有效？

與眾不同的原理

「沙沙作響的落葉聲往往被人忽略，預期外的事物往往密切受到關注……」我小學六年級的自然老師福代斯先生在第一節課堂上這樣說。他說這些話時，彷彿在向全國人民發表演說：實驗衣、耳機麥克風、以及全班同學（整間教室十九名學生）。我們開始研究山頂洞人的想法。

「山頂洞人」是史前尼安德塔人（Neanderthal）和直立人的統稱，也用來稱呼那些高中時代所認識四肢發達、打美式足球的傢伙。山頂洞人是遊牧民族，進而形成狩獵採集部落。在大多數情況，男人狩獵，女人採集。但無論是狩獵或採集，他們大腦都有相同的目標：忽略不必要的事物，鎖定不尋常的事物。

外出打獵和採集的時候，如果聽到經常出現的聲音，例如腳踩落葉的沙沙聲或折斷樹枝的聲響，他們的大腦會自動過濾掉這種無關緊要的噪音。但偶爾才出現的，像是踢踏的鹿蹄聲，就會立即勾起他們的注意力。另外，有些聽到的聲音是已知威脅，如真猛瑪象狂奔的轟隆聲，他們甚至在意識開始運作前就會衝往避難處，雙腳快速旋轉，像摩登原始人佛瑞德・佛林史東（Fred Flintstone）那樣跑得塵土飛揚。

有些情況下，他們聽到的是無法辨識的聲音──陌生，

無法判斷狀況。這時候他們就會全神貫注，視線變得狹窄，仔細觀察那些預期以外的事物。因為那個聲音可能表示他們找到自己的晚餐，也可能表示他們就是晚餐。在那個時候，區分不同聲音的輕重緩急，評估突發狀況，是一件攸關生死的大事。

時序快轉到現代。雖然科技與社會以閃電般速度進步發展，但人類的大腦卻發展得慢很多。我們的大腦灰質仍停留在可以存活於最原始狀態的設計。你的大腦在避免已知危險、把握機會和忽略無關緊要的事情（幾乎是每件事）方面效率極佳。然而，有種情況每次都會讓大腦卡住，那就是：差異。在我們深入探討之前，先來看看為什麼我們會忽略。

你有沒有注意到，你解決事情的速度有多快？有快到變得越來越千篇一律嗎？這就叫做習慣化。舉例來說，第一次收到「嘿！朋友」的行銷郵件，你可能會注意到。是哪位久違的朋友寄信給我？不知道從哪時候開始就沒收過「朋友」的來信了，而且這位久違的老朋友不用真實姓名稱呼我，而稱我為「朋友」，真是太酷了！喔，朋友，你實在太過分了。

第二封「嘿！朋友」的郵件就沒那麼令人興奮了。到了第三封，我們已經發現這只是最新的網路行銷熱潮。你不是「朋友」，你只是金主。現在「嘿！朋友」的郵件變得無關緊要，只是更多的白噪音。每當進入習慣化，就是一個忽略

重複、無意義事物的過程。眨個眼，刪除。

　　習慣化的過程存在我們大腦的網狀結構（reticular formation）。網狀結構是一個從腦幹擴散交織的神經元網絡，維持整體意識。無論是字面上還是比喻上，它就像一張網，是大腦的第一道防線，抵禦外部無時無刻存在的數百萬種刺激。現在，你可以低頭看看你的手，然後花上下半輩子的時間來探討：皮膚是什麼構成的？誰想到「皮膚」這個詞的？天啊！手的皮膚實在太神奇了……諸如此類。眼前有太多事情在爭奪你的注意力，但大腦的網狀結構相當稱職完成它的主要工作：幾乎忽略掉大部分的事情。

　　你有沒有見過在消防車出動、汽笛聲響個不停時，依然睡得香甜的嬰兒？我見過。在紐約市。很多嬰兒已經習慣交通工具的聲音，可以一覺到天亮──這就是習慣化。新生兒第一次睡過夜、沒有發出任何聲音時，這種安靜卻往往讓他們的母親驚醒，跑到嬰兒床旁邊確認孩子狀態。為什麼？因為她適應了原本陌生的環境，轉而認為安靜可能是嚴重的情況，比如說，也許嬰兒停止了呼吸。忽略典型狀況，分析非典型狀況，這就是網狀結構運作的方式。

　　想想看你上次搭飛機的情形。在飛機上，喀擦一聲扣好安全帶，周圍旅客打開或關上頭頂置物箱──這些都是背景噪音。我們認識這些聲音，大腦知道要去忽略它們。唉，空

服員進行安全示範時，很難不打瞌睡。

　　然而，當那個坐在後面三排的傢伙開始瘋狂揮舞雙手並大聲嚷嚷時，我們都會探頭看看到底怎麼回事。我們想知道：這傢伙是威脅還是免錢的娛樂？他會害飛機停飛還是讓我們笑？我們會密切關注意想不到的事情。

　　你看過維珍美國航空的飛安宣導嗎？幾年前，他們製作了一支音樂版宣導短片，非常逗趣精彩，大多數人都真的把短片看完。初次播放時，沒有人理睬站在走道示範如何繫安全帶的空服員，注意力全擺在短片上；第二次播放可能也是如此，許多人想再看一次確認有沒有錯過什麼；等到第三次搭機、觀看飛安宣導歌舞短片時──不是「飛安舞力全開」，我的 X 世代朋友──習慣模式已經建立。儘管如此，維珍美國航空仍在短時間內因為別出心裁而博得目光。與眾不同是獲取注意力最有效的方式，但保鮮期很短。因此，與眾不同並非一次性過程，必須讓它成為烙印在腦海的慣例。

　　當情況與以往不同時，網狀結構會觸發大腦的連鎖反應（cascading effect）來評估目前的特殊情況，優先任務就是威脅分析。如果我們處於危險之中，脫離險境是最重要的事。一旦這個情況經確認安全無虞，那麼大腦就開始找尋機會。我能否從中受益？如果評估結果為否，我們的大腦就會把這個不一樣、「嘿！朋友」之類的情況，歸納到無關緊要的類

別，也就是可以忽略的事情。機會就夾雜在特殊情況中間，在大腦選擇永遠忽略這個特殊情況之前，在大腦全神貫注，判斷情況是威脅或機會的時候。短短幾毫秒內，你可以賺進數百萬、或數十億、或更多。如果你不重視或迎合大腦中這個與眾不同的特別時刻，你就會陷入平庸——你的荷包也是。

DAD 行銷架構

我們在心理歷程方面依然處於山頂洞人的狀態，大腦仍會過濾掉熟悉的事物，只有情況不同才會注意到。這也是為什麼你必須停止以同業他人所採用的行銷方式，然後開始「變得與眾不同」。網狀結構——大腦的網子——會網羅源源不絕、無關緊要的訊息垃圾，然後扔掉它們。當你向潛在客群行銷時，你必須透過一種能夠穿透網子的方式來行銷。若非如此，你就會歸入大腦判定可忽略的垃圾堆中。

我們避開威脅、抓緊機會、忽略無關緊要的事——記住，這些都是為了找尋晚餐和不要變成別人的晚餐。為了向理想客戶進行有效的行銷，我們需要確保我們會引人注目，而且理想客戶會把我們設法引人注目的事情視為機會，而非威脅。但我們的工作還沒結束，截至目前為止，只是引起對的

人注意，我們還需要他們採取行動。這就是 DAD 行銷架構三步驟的基礎。

以下將 DAD 行銷架構拆解來看：

	差異化 （DIFFERENTIATE）	吸引力 （ATTRACT）	指示 （DIRECT）
目標	引起注意	勾起興趣	引導遵循
方法	呈現不常見、未知或出乎意料的事物	示範操作、展示或陳述機會／利益	詳細說明可以接近或取得機會／利益的適當行動

DAD 行銷架構

1. **差異化！做不一樣的事來引起注意……**

你已經了解為什麼採取與眾不同的作法會奏效。這套行銷結構的第一步驟，就是找出能夠從千篇一律之中脫穎而出的行銷方法。什麼會讓具有山頂洞人思維的潛在客戶停下來、注意你？在一開始的幾毫秒內，你要怎麼與他們互動？

2. **吸引力！透過讓你理想潛在客群感興趣的方式……**

下一步，確保你的方法會讓你想要服務的人感興趣，而

不是令他們反感。如何把行銷打造成他們會考慮的機會，而不是他們會避免的威脅？

3. **指示**！並引導他們採取行動。

　　最後，你的策略必須激起理想、潛在的客群採取你所期望的具體行動。潛在客群是否認為採取行動的回報大於風險？他們遵照你的指示，是否有助於你實現行銷目標？

　　總結 DAD 行銷架構就是：**做不一樣的事情來吸引你理想的潛在客群，並指示他們採取行動**。就是這樣。這就是架構。雖然簡單，但很強大。只要遵照這個架構，就會得到新的潛在客群。屢試不爽。

　　就像「YMCA」的舞蹈，你也必須按照正確順序跳DAD 舞蹈才有意義。如果你不知道「YMCA」舞蹈，表示你不是八〇年代的人（年輕真好），或者你從來沒參加過婚禮。來，Google 是你的好朋友，去搜尋看看。舞蹈動作是先從空中比 Y，接著頭上比 M……以此類推。DAD 也是如此，你必須按部就班，從 D 到 A 再到另一個 D。DAD 是你必須學會的行銷「舞步」。

　　差異化永遠是第一優先。你**必須**透過不一樣的行銷方式博取關注。大多數人會跳過這一步，只是試圖擺出自己最吸

引人的產品。你可以有全世界最棒、最漂亮、最優秀的產品，但如果沒有人注意到，產品也是失敗收場。一旦做出差異，你就可以進行精心安排的下一步驟，讓它吸引到你想要的人——你猜對了，老朋友——吸引力。最後，透過一個指令，明確告訴他們接下來要做什麼來收尾。每次都以同樣順序執行三個步驟，每次都從 D 到 A 再到 D。

有時候，你確定你的點子會讓別人停下腳步，但得到的卻是尷尬的蟋蟀聲。例如，由於上一本書《搞定下個問題》（Fix This Next）的關係，我創作了名為《Drink This Next》的模仿作品，外觀設計跟我的書封一樣，只是用的是紫色而非黃色。我們把裡面掏空，留下夠裝一瓶波本威士忌酒壺的空間。我喜歡這個點子，認為這麼做一定會引起轟動。但當我們架設測試網站，評估市場水溫，你猜怎麼了？蟋蟀聲。很諷刺，除了我媽，沒人想買。唉！我還是喜歡這個點子，但它沒有引起任何關注。儘管我認為這項操作與眾不同，但潛在客群的行為證明了它的與眾不同無法引人注目，所以這個不在考慮之列。

在第二步驟——吸引力的部分，我也曾經慘遭滑鐵盧。某次，我自認為有個很好的點子，可以替空缺職位招募新的求職者。於是我在分類廣告上要求凌晨三點進行面試。招募廣告雖然成功引起注意，但那個時間出現的人並不適合我們

公司。我原以為這樣會吸引到那些認真進取、為了得到「理想」工作付出更多努力的人。結果，我遇到幾個剛被踢出酒吧的人，還有累到在等候室睡著的 UPS 快遞員。奇怪的面試時間雖然與眾不同，但不吸引人。所以，記住以下重點：別為了與眾不同而特立獨行，否則可能會失去理想的潛在客群。

假設你是一名刑事辯護律師（我知道，夢幻職業嘛）。為了打贏官司，你決定做點特別的事情來吸引陪審團注意。你穿上小丑裝參加庭審，搭配寬鬆的大鞋，誇張的花式翻領，還有怪裡怪氣的喇叭——沒錯，的確是與眾不同，保證引起全場注意。但除非你的審判與小丑圈有關，否則沒什麼吸引力可言。小丑裝在五歲小孩的生日派對上或許很有吸引力——儘管這點可能也蠻令人懷疑的——但老兄，喔天啊，你騎著迷你單車在法庭上轉個兩圈，陪審團就會蠢蠢欲動想離開。不管證據怎樣，你都輸了。與眾不同會得到關注，吸引力會得到渴望。

如果沒有明確、單一的指令，DAD 架構是不完整的。既然你已經吸引潛在客群的注意力，他們也加入其中，你需要告訴他們該怎麼做。我和傑夫・沃克討論時，他解釋，行銷是你設法讓客戶做出購買決定而採取的每一步驟，銷售是他們決定購買的最後行動。所以你得提供明確單一的指

示，讓他們進入下一步。

我見過最常犯的行銷錯誤之一，就是忘記納入具體的行動呼籲，而且不可否認，我自己也犯過很多次。其中最難忘的一次失誤——也是最浪費時間和成本的一次——是我為了宣傳自己的新書《南瓜計畫》（*The Pumpkin Plan*），製作一支「One-Nut Guy」的短片。我們找來一位脾氣暴躁的當地老演員，聘請一個電影製作團隊製作了一系列影片。[6] 第一支影片的瀏覽量超過十萬，真是太棒了。唯一問題是，我沒有加入一個明確且具體的行動呼籲。

這些短片夠特別，我的讀者覺得很有趣（吸引力指標），也與短片傳遞的訊息產生共鳴。然而，直到今天，我還是不知道這些短片是否真的帶來任何書籍銷量，或者激起別人訂閱我電子報的興趣。我從來沒聽說過有人因為這些短片而買這本書，而且更令我慚愧的是，我也沒辦法追蹤製作短片是否有成效。

除了具體，指示步驟還必須合理。也許我的成功行銷是要賣給你一棟房子，但是，當我引起你的注意之後，我不會立即要求你當場拿出一百萬美元。這樣的要求太多了、太早了，而且不合理。合理的指示可以是去參觀樣品屋。

過度的要求會導致潛在客群離開（或逃走）；與之相反，不充足的要求將導致你預期的結果發展減緩（或停滯）。一

---

6. 現在 YouTube 還是可以找到這支「One-Nut Guy」影片。只要搜尋「one nut」和「Michalowicz」。是啊，我讓自己變成笑話。

且我以獨特性博取了你的目光，並以相關性維持互動，指示步驟必須具體，這樣你就會知道該怎麼做，而且必須合理，這樣你才會感到安心，並有效的朝著你的目標前進。

我嘗過多次行銷失敗的苦頭，但我一點也不後悔，因為每一次都讓我學到一些經驗。每當我失敗，總會懊悔自責後問自己：過程中發生什麼問題？哪個環節出問題？事後回頭看，問題總是非常明顯，一定是這三個簡單步驟中的其中一個（或多個）失誤。

但是，唉，我花了好幾年的時間才「破解」出差異化（D）、吸引（A）及指示（D）的三個步驟。我在自己公司還有同事、客戶及朋友的公司測試這項架構，然後針對架構再改良與簡化，直到我確定這項架構能夠帶來一致的結果。每個步驟環環相扣，無法單獨運作。

差異性總會引起注意，但也會使人閃避；吸引力總會讓人提起興趣，但如果沒有差異，根本無法引起注意。差異性讓吸引力奏效，反之亦然，若要取得行銷成果，你也需要提供指示。我從事行銷，成功引起注意，別人也買單——就像觀看「One-Nut Guy」短片——卻沒有得到成果，所以指示的步驟失敗了。

符合人類本性永遠是最好的解決方案，而不是試圖強迫別人改變本性。DAD 架構之所以奏效，是因为它符合我們

與生俱有的思路，也就是山頂洞人大腦過濾、分析和處理訊息的方式。差異化、吸引力、指示——每次都是一貫的順序、一貫的簡單。本書其他部分會告訴你，如何使用 DAD 架構搭配不一樣的行銷系統。但只要知道這三個步驟，你的行銷技能就能大幅改善。

從此時此刻開始，我希望你使用 DAD 行銷架構來評估你遇到的任何行銷活動。可以是你個人的行銷，也可以是電視廣告、垃圾郵件、廣告 DM、網路廣告、電台廣告、群發電子郵件（email blasts）、廣告招牌、產品包裝、電梯簡——任何行銷活動都可以。只要問你自己：「這有通過 DAD 行銷架構嗎？」

現在就來實驗。看看你周遭的任何行銷策略。如果你是在純淨的大自然裡閱讀本書，那就拿書的封面來試試。書的封面是包裝，包裝就是行銷。無論你現在看到什麼，都問自己：「有通過 DAD 行銷架構嗎？」仔細確認三個要素。具差異性嗎？吸引人嗎？有沒有指示？如果三個答案都是肯定的，那麼這個行銷策略就過關。如果三個步驟有一個或多個答案是否定，那就問自己，會怎麼解決這個步驟。非常簡單。

我現在要你去找另一項行銷策略，再以 DAD 架構檢視一次。你試了嗎？太好了。現在，我要你再做一次。

用 DAD 架構檢視到第三次，你將會牢記在心，終身受

惠無窮。不客氣。

在蓋比‧皮尼亞分享他的理想潛在客群是雪茄店老闆之後，幾分鐘內，我們完成了DAD行銷架構。有時候，與眾不同是你已經做了競爭對手沒做過的事情，你只需要放大它——這就是蓋比的情況。他經常免費幫助他人，不求任何回報。他的競爭對手不做這種免錢的工作，除了免費諮詢電話，但那個只是美其名的銷售電話。蓋比這麼做是出於慷慨的天性，並非貪圖個人利益，但他後來發現，許多接受過幫助的人最後都回來聘請他。這是我們的起點。

接著，我們考量如何擴大提供免費協助的範圍，以達到差異化效果。也許是免費資訊？電子化下載？廣告DM活動搭配實用的建議？

「我不想寄送那種歌功頌德的宣傳冊出去。」他告訴我。

經過一番腦力激盪，我們聊到蓋比最喜歡的商業書籍，內容詳細介紹筆者與客戶合作時使用的哲學與方法。蓋比想到把這本書寄給理想潛在客群的點子。

我們透過DAD行銷架構評估這個點子，確認各個環節。蓋比有一個別出心裁的行銷手法，可以幫助他博取關注。確認完畢。這個行銷手法可以吸引（而不是排斥）他的理想客群。確認完畢。行銷過程包含一項明確且具體的要求。確認完畢。好的，通過DAD行銷架構！

蓋比從大煙山閉關活動回來後，準備進行測試。他寄出十本書，第一頁都貼了便利貼，上面寫著「希望這本書給予你的幫助和它給予我的一樣多」，並附上他的姓名與電子郵件。

　　在信件內收到一本書當禮物，令人意想不到且與眾不同——至少對蓋比的潛在客群來說是如此，所以他成功博得關注。然而，許多人沒有時間看書，所以多半將書置之高閣，然後繼續過自己的生活。於是，蓋比重新調整實驗，再次進行測試。

　　這一回，蓋比增加五張便利貼，並把便利貼放在重要頁數，附上「這個段落很有效！希望能幫得上你」和「別跳過這一頁」之類的敘述。他知道大家可能不會讀這本書，但會看便利貼，因為①淺顯易懂，而且②人類生性好奇。最後一張便利貼指出那本書的概念總結。蓋比在上面寫：「這本書能讓你的企業實現目標。傳訊息給我，我會仔細講解給你聽，無償提供！」文末再加上他的手機號碼。

　　蓋比再度將書籍寄給十位新的、理想的潛在客群。這一回，他完美達成 DAD 行銷架構的要素：與眾不同的手法（隨信附上書籍），引發潛在客群去看的興趣（便利貼幫潛在客群省下時間，建立預期心理），也有一個引導採取行動的呼籲（傳訊息給蓋比，可以獲得免費協助）。蓋比知道，如果

他可以透過免費協助贏得潛在客戶的讚賞，將來他們很可能會想聘他來協助所需事務。

這個與眾不同的行銷手法比預期效果還好。蓋比不僅接到一位客戶的委託，還有另外七位潛在客戶公開感謝他推薦那本書，發布扉頁簽名的照片——不是該書作者的簽名，而是蓋比自己的簽名。太神了！他們還留言：「感謝你協助我改善我的公司。」和「蓋比・皮尼亞是個好人！」就第二次寄出十本書的測試來看，這個結果還不算太差。

實驗成功後，蓋比開始推出該項專案。現在他平均每週寄出五本書，每個月有兩、三位客戶。有時候他會接到潛在客戶的來電，但對方沒有立即回覆，可能只是這樣說：「嘿，我收到你幾個月前你寄來的書，我們可以談談嗎？」如果想加快速度，他會寄出更多的書；如果想放慢速度，寄出去的書就會少一點。蓋比可以掌控自己的業務成長。你也可以。

影響蓋比財務盈虧的無疑就是遊戲規則改變。這些都是遵循與眾不同制度的結果。更錦上添花的是——許多雪茄店老闆會送蓋比免費的雪茄做為回報。如今，隨著潛在客群的饋贈增加，他的雪茄收藏品比以往增加更快。你懂我的意思嗎？蓋比的行銷為他帶來客戶與源源不絕的禮物。是什麼行銷手法辦到這點？就是與眾不同啊！孩子！

與眾不同只是一連串的步驟

　　我不打算粉飾美化這個部分：你正面臨一股強大的阻力，可能在讀完下一章之前就把你扳倒。這股阻力就是趨於同化的拉力。你是人類，這表示你會更願意做已經做過的事情，也願意做同業其他人已經做過的事情。我們人類會一直有從眾的需求。就像我們想要獲得關注一樣，我們也會害怕去做一些引起注意的事情。**恐懼是創造絕佳行銷的頭號障礙。**

　　想要戰勝這種趨於同化的拉引力，唯一的辦法就是採取行動。你需要給恐懼重重的一拳，不管多麼惶恐不安，你都必須去做。讓自己無論如何都要採取行動的最佳辦法，就是將步驟拆解到「你不會放棄」的極小步驟。

　　賈斯汀・懷斯（Justin Wise）是個行銷天才。我相信他的姓氏（Wise 就是睿智）是透過「不同實驗得來的」；他本身就是一個與眾不同的實踐家，長期以來幫助許多客戶取得行銷成果。這也是為什麼我委託他來領導我們的「與眾不同教練方法」。有些人需要教練指導，這樣他們才不會拒絕自己的最佳點子，才會對這些點子負責。賈斯汀和我們的團隊為業主詳細解釋與眾不同的方法，幫助業主執行實驗。[7]
以下是賈斯汀解釋、拆解、實施獨特行銷所需步驟的影響力：

　　「器官移植後，醫生做的第一件事是什麼？他們會替你

---

7. 前往 gogetdifferent.com 獲取免費資源（英文），了解我們如何幫你確認是否正確執行「與眾不同」的行銷。

注射大量藥物，讓你的身體不會排斥這個器官。你的身體把這個器官視為外來物，並試圖殺死它，那是你的免疫系統應該做的。藥物會欺騙你的免疫系統，讓你相信，『嘿，這個肝臟是我的肝臟。這顆心臟是我的心臟』，這就是拆解過程的作用——它幾乎能夠騙過你，讓你不會拒絕一個有價值、不同的想法。每個小小步驟都是排斥性的解藥。如此一來，你的生意就會因為新的行銷而興旺起來。」

我詢問賈斯汀有沒有能讓我分享的案例，他告訴我關於瓦萊麗・唐納修（Valerie Donohue）的故事，她是紐約布魯克林一家虛擬助理公司 ChatterBoss 的老闆。「瓦麗打來跟我說：『嘿，我想請你們幫忙刊登廣告』，我回她：『我們當然可以幫你刊登廣告，但廣告真的很貴。我寧願你在顧客已經超過負荷的情況下再去做廣告。』業主通常使用廣告開發潛在客戶，若是效果不如預期，往往會被告知下次廣告規模要做得更大。每月花費五千美元，外加代理費，但問題還是沒有解決。最好是使用廣告來增加潛在客戶，不是創造它。」

在與瓦麗的交談中，賈斯汀得知，她之所以想要刊登廣告，是因為她超過七成的業務都是來自一個策略夥伴的推薦，所以她希望潛在客戶來源可以多樣化，這樣才能發展壯大。

當賈斯汀把 DAD 行銷架構介紹給業績量達七位數的執行長瓦麗,她相當震驚,因為過去她從未想過「這些東西」。在某次教練指導時,他們想出了一個特別的行銷點子,可以讓她輕鬆嘗試。就像蓋比・皮尼亞,瓦麗對待客戶也是向來慷慨大方,經常送禮物給他們。瓦麗的公司與業界其他公司的區別在於,瓦麗的員工不只是任務導向,他們也是問題解決者。鑒於她的慷慨性格與公司的獨特定位,她決定發送訂製的棒球帽給潛在客群,球帽前面印有「思考帽」(Thinking Cap)的字樣,有需要可以聯絡瓦麗進行免費諮詢。送帽子,有別於競爭對手經常贈送的典型鋼筆和水瓶,這也是表達她的虛擬助理(VAs)可以如何替其服務的企業老闆執行思考工作。如果潛在客戶採用她公司的產品,他們就能摘掉思考的帽子,留給虛擬助理來處理。

然而,幾分鐘後,一陣恐懼湧上心頭。「她看起來像一頭被車燈照到的鹿。」賈斯汀解釋。瓦麗覺得想出這個(好到不行的)思考帽點子很有意思,但開始考慮實際去做這件事時,她愣住了。所有她必須放膽去做才能達成目標的事情,都讓她感到不知所措,或者更確切說,她不知道那些她需要知道才能達成目標的事情,讓她感到不知所措。我稱其為「墜機」——當你的熱情與信心急轉直下的時候,如果不趕緊振作,拉起操縱桿,你的信心飛機會以「這個行不通」或「先

暫時擱置一旁」為藉口墜毀。這就是許多很棒、獨特的點子死去的原因。

「執行這些事情並不難。」賈斯汀說。「但人們聽到『特別』這個詞時，它就變成模糊的概念。他們變得不知所措，不知道接下來會發生什麼。實際上，接下來只是一連串的步驟，就跟每天做的其他事情一樣。」

因此，賈斯汀協助瓦麗將她的思考帽行銷計畫拆解成一個個微小的、「不會排斥」的任務。首先，致電宣傳品公司詢問報價；再來，列出一百名想合作的對象；接著，找出她們的電子郵件地址和郵寄地址。

「我不斷問她『接下來要做什麼？』，直到她把整個計畫拆成易管理的步驟，還有每個步驟由她團隊裡的誰來執行。」賈斯汀解釋。

瓦麗第一批寄出五十頂球帽，成效立竿見影。客戶和潛在客群傳來他們戴著球帽的照片（又是一件互惠之事），她得到兩名新客戶，其中一名一出手就是一萬二美元的支票，另一名則是處理八千美元的款項。在恐懼中前進，立即採取行動，獲得兩名客戶，收到兩萬美元？成果不算太差。

為了克服那股把你拉下來的「趨同性」引力，把你第一個與眾不同的行銷實驗拆解成簡單、易管理的執行步驟。然後，與那些要你負責任的人共同分擔。

「你的書是很棒啦，但對我不適用。我們在一個發展成熟的產業，你的與眾不同策略需要太多的改變和時間。麥克，立意很好，但都是理論。」

我在大學兄弟會的老朋友——葛雷格‧艾克勒（Greg Eckler，我發誓絕對不會講出他的綽號是葛雷格「麋鹿大便」〔Greg Elk-Terd〕。啊，說溜嘴了！）經營一家房地產公司。他好心幫我看這本書的初稿，並分享他的批評回饋。我把書寄了出去，十二天後，我的電話響了。

「過得怎樣啊，我的牛屎王。」他說。當年在兄弟會的綽號很難被改掉。

「嘿！麋鹿大便。」我回他。

這時候他開始說了：「你的書是很棒啦，但對我不適用……。」

你可能不覺得驚訝，這是我最常聽到關於本書的回饋。你可能也有同感：執行起來太困難。採取不同作法會花太多時間。需要投入很大的心力。就這樣，你可能想「扔掉」這本書，把它歸進「喔，我看了，很棒的書，非常好的書」的類別。然後什麼事也不做。太可惜了。你失去改變的機會。

儘管我很想搬出兄弟會的終身規定，對前輩無禮者（畢

竟我比他大八個月）由兄弟們賞他四十八個大板，但我還是
盡兄弟之誼，為他解惑釋疑。

「葛雷格，這本書講的不是巨大的改變或變動，而是在
最細微的層面做沒人做過的事情。看看業界其他人所做的那
些常見、符合業界標準的事情，挑個最簡單且最容易達成的
目標來引人注意。確定整個產業都是蘋果，然後擺進一顆橘
子。」

「嗯，所有房地產經紀人都主張同樣的觀點。個個都是
專業人士，都謹慎周詳，他們都很棒。但說實話，我們比他
們好。我只是因為客戶不知道這點而感到沮喪。」

「噢天啊！你真的讀過這本書嗎？記住，比別人好不等
於更好，比別人好無法被看見。比別人好，隱藏在業界同質
性的外衣裡。與其他蘋果擺在一起時，很難分辨哪個蘋果比
較好。你需要讓別人注意到你，然後他們才能真的看見你，
知道為什麼你比較好。你需要擺進一顆橘子。就這麼簡單。」
我接著說：「現在就來找出與眾不同的事情。」

我們不到兩分鐘就想出第一個點子。

我問：「跟我聊聊客戶體驗。告訴我每個房地產經紀人
都是怎麼賣房子的？」

「代銷經理人會將房屋資訊列在網站上，或許還會刊登
在報紙上，然後在房產物件前面放個出售招牌。」

「等等，是不是每個人都會放出售招牌？每家都有嗎？」

「對，這是一般作法。」葛雷格說。

這裡有個很大的提示：當某件事成為業界標準作法時，這個部分就是可以變得與眾不同的巨大機會。

「跟我說這些招牌是怎麼放的。」我說。

「通常放在房產物件離道路最近的位置，用三明治立牌或張貼的方式。」

「多久擺放一次？」

「一直都擺著。業界標準行銷方式是這樣。」葛雷格說。

「那如果招牌樣式不一樣呢？小風車如何？像是你在花園會看到的那種高高的風車。如果把出售招牌放在上面呢？」我問。

「我從來沒見過。沒有人……。」

葛雷格停頓了一會兒，我幫他補完下面的話：「沒錯，葛雷格，沒有人那樣做過。」

蘋果堆裡的一顆橘子。

我的讀者朋友，當你想到一個方法，讓你說出「沒有人那樣做過」，那你就是找到一個與眾不同的點子。葛雷格有了他的第一個點子：掛著「待出售」招牌的風車屋。

與眾不同並非要你做出什麼天大的改變──這種情況反

而很少。與眾不同的小改變，就能成為贏家。與眾不同從來不是過度標新立異，但通常是非典型的。關鍵在於打破同質性的白噪音。大部分情況下，都不需要採取太大的改變。

現在，葛雷格要去做測試了。或許風車會有用，或許不會。重點是：他要去執行一個簡單的改變。如果測試成功，他可以把這個方法當作他公司的新「標準作法」，但絕對不是業界標準行銷方式。

如果問有誰知道與眾不同的效果，答案一定是警察。想想看，他們必須引起你的注意。否則，正在播放沙米‧哈格（Sammy Hagar）〈I Can't Drive 55〉的你，沒注意到速限已經改變，怎麼會知道被警察攔下來？（這不是指我對超速很了解）。

告訴你們一件有趣的事情——美國的警車鳴笛聲已經改了，車頂警示燈也是。許多管轄區已經取消原先的紅藍閃爍警示燈和標誌性的低－高－低－高－警笛聲。現在是隨機的閃爍警示燈和鳥叫聲、喇叭聲和吱吱聲。你已經知道理由為何：我們的大腦會忽略熟悉的事物，注意到意料之外的事物（也就是與眾不同的事物）。

請注意，改變警笛和警示燈不是什麼大改變，所以有時候還是會被忽略。我知道我對此深感愧疚，因為收音機裡動聽的音樂而分心，或者你知道的，因為我冒出絕妙的想法而

分散注意力。但只要換上一些新的聲音，也許是隨機的鳥叫聲，然後我就注意到了！現在警察們成功吸引我的注意力，我開始想：「喔，天啊！」我超速了嗎？還是煞車燈壞了？我會因為播放沙米・哈格的歌被逮捕嗎？我違規了嗎？（從非常認真的角度來講，我是白人，所以在那種情況下，我腦子閃過的想法與恐懼可能與有色人種的相差甚遠。我甚至無法理解某些人經歷的事情，那種從警察暴行，到連警笛和警示燈都會令人毛骨悚然的恐懼。）

你不需要改變一切。你不需要等待一個卓越的想法。你不必做一些瘋狂、複雜或昂貴的事情。你的與眾不同可以只是足以引起注意力的程度。一些新的聲音、隨機模式、啾啾聲。就這樣。

你不必無所畏懼，也不必成為超級英雄，就能進行「與眾不同的實驗」。你只需要一點想法、一點進取心、以及無視恐懼繼續前進的勇氣。我們下一章將深入探討點子的發想與構思。即使你認為自己骨子裡沒有創造力，也可以簡單想出一些東西來測試。

我保證：你辦得到！

>>>> 輪到你了

在我們繼續下一章之前,我們先看看別人怎麼描述你的與眾不同。這裡要完全公開透明——我想讓你看到,認識你的人對你的評價有多麼讚、多麼重視你。如果你看不到你和你公司的獨特性,那就無法進行 DAD 行銷架構。

你知道嘉年華會那些讓人看到身體扭曲變形、有趣的鏡子嗎?我們大多數人看不到真正的自己。我們誇大自己的缺點,淡化自己的優勢,這些讓我們在想出有靈感的點子時面臨挑戰,甚至難以將點子付諸行動。現在開始解決這個問題吧。

- **第一步**:找出十二位非常了解你(或你公司)的人。其中四位應該找認識不到一年的人,接下來四位應該找認識你(或你公司)一年以上但不到十年的,最後一組應該找四位認識你(或你公司)十年以上的人。你不需要與這些人積極聯絡或有什麼關係。你只需要有辦法聯絡到他們。

- **第二步**:傳送以下訊息給你上面列出的十二名聯絡人。

我正在讀一本書,作者給了我一項任務,我需要馬上完成。我必須找個對我非常了解的人,希望你能

幫我這個大忙！我想知道你覺得我的「差異因子」
（Difference Factor）是什麼，也就是我做得比別人
好或不一樣的地方。回覆不用太長，一句話即可。我
將採用你的見解來改善我們的業務定位。非常感謝！

　　如果你試圖找出你公司的獨特性，而不是你自己
的，請把文字改成「我必須找個對我的公司非常了解
的人」和「我需要知道你覺得我們公司與其他公司的
不同之處：我們做得比別人好或不一樣的地方」。

- 第三步：檢視你從聯絡人那裡收到的答覆，找出關於
  你的「差異因子」最常見的三個意見。你至少收到十
  個答覆，這項練習才有效。如果沒有達到這個門檻，
  那就傳送訊息給更多人。
- 第四步：根據第三步所確認的前三個「差異因子」，
  思考這些主題如何讓你和你的公司脫穎而出。

第三章
一百個目標

醜話先說在前面：你應該知道，我們並不是憑直覺從事與眾不同的行銷操作。我們是以科學實證為基礎，進行與眾不同的行銷操作——以腦科學為主，但也包含你的科學。「你」的部分包含評估與測試，你可以在此決定某個行銷策略是否值得嘗試並追蹤後續效果。想要遵循科學，你需要擁有足夠的樣本數。隨便在酒吧抓位統計學家來問，十之八九會告訴你，他們大多數人都同意，獲得可靠結果的最低樣本數是一百。

數據科學家琵若絲卡・畢許－布蘭（Piroska Bisits-Bullen）博士在利用數據決策方面表達過積極看法，在她的文章〈如何選擇樣本數（統計學上的挑戰）〉（*How to Choose a Sample Size (for the Statistically Challenged)*）中曾經分享一些基本準則，確保你分析的數據能夠讓你了解該實驗是否適用於大規模操作。她指出，一個好的樣本數是整個目標人口的 50％，而且樣本數不該低於一百個人或組織。假設你的目標市場有五千位潛在客戶，那麼你至少需要一百位潛

在客戶、最多五百位，才能進行有效的行銷測試。想得到行銷成效的最佳保證，樣本數為五百；想降低成本的話，測樣本數至少為一百。但你必須維持在這個範圍內。

對於大多數企業來說，一百位潛在客戶就足以展開一場與眾不同的行銷實驗，就足以運作一場小型活動——足以讓你開始建立與眾不同的行銷力量。在許多情況下，如果你的實驗夠獨特，一百位潛在客戶樣本就足以吸引到一、兩位客戶。對於服務型企業、產品型企業、以及其他所有類型企業都有相同效果。

請注意，你可以用你的方式來達到一百位潛在客戶。回想上一章那位愛好雪茄的會計師蓋比，他第一週寄出十本書，然後第二週又寄出十本書，如此循環下去，直到達成他要的樣本數。他這樣做，是因為在他的銀行帳戶上比較容易做區隔。

想一想，如果你可以只鎖定一百位潛在客戶，他們會是哪些人？誰是你渴望成為客戶的前一百名理想候選人？我要你知道，因為我們即將贏得他們的心。

在此需要澄清一下，我並不是建議你想像你想與什麼樣的人合作。我要你製作一個**實際的清單**——包含聯絡人姓名、公司名稱（若需要的話）、電子郵件地址、實際地址等等。如果你不知道他們是誰，我可以告訴你為什麼你的行銷

給不了你想要的結果。我不想在這裡當個渾蛋（好吧，也許是有一點），但如果你都不知道哪些客戶需要你，你要怎麼向他們行銷？

釣大客戶就像釣魚一樣。在你選擇釣魚地點之前，在你綁魚鉤之前，你需要知道你想釣哪種魚。你可以花整天時間去釣大旗魚，但如果在後院池塘用小蟲子來釣，那是不可能釣到的。在後院池塘釣旗魚不僅不會成功，而且畫面很奇怪，你被魚線捆在旋轉椅上，拖著一條孔雀魚。

成功行銷的關鍵是知道對象、產品、勝利。在腦中重複這個清單，直到你忘不了為止：對象、產品、勝利……對象、產品、勝利。明白了嗎？這三個關鍵任務元素確定了理想的潛在客戶（對象）、你理想的提供物（產品）、你理想的行銷結果（勝利）。了解這三個元素，你就能比以前更有效的操作行銷。這一切都要從「對象」開始，也就是你的理想客戶。

對象

不知道你的「一百個目標」客戶是誰嗎？以下是如何快速找出他們的方法。第一步，從你既有客戶群開始——假設你有一個客戶。如果你連一個都沒有，別擔心，我會教你如

何從零開始製作這份名單。

首先，印出你的既有客戶名單，按照過去兩年收益最多到最少進行排序。這種分類方式很重要，因為顧客消費多寡，顯示出顧客重視你的程度。我們希望複製這類喜歡我們、而且在我們這裡大量消費的顧客。雖然你的既有客戶不一定能夠代表其他同類型的客戶，但他們是尋找更多相似客群的捷徑。

一旦確定了最重視你的客戶名單，就來進行一個喜好／畏懼分析。在目前列出來的客戶名單中，你喜歡和誰合作？這些是指來電顯示出現在手機時會讓你興奮不已的人，你會迫不及待聽到他們的聲音，迫不及待為他們服務。在你這份客戶名單上每個喜好的對象旁邊放個笑臉。

接著，我們針對畏懼的對象再分析一次。這些人指的是，當手機跳出顯示來電，你會在腦海中說出（有時甚至不小心脫口而出）「該 X 的！怎麼又是他，現在不行！」不管你做什麼都無法讓這些客戶滿意。這些人會讓你在回電前把伏特加水潑在臉上，然後拍拍自己的臉頰；這些人是令你害怕的對象。請在他們旁邊放個皺眉臉。

現在圈出名單上收益最高（他們最喜歡你）和你標記為喜好對象（你最喜歡）前 10％ 的客戶。你希望擁有多一點像他們這樣的客戶。想一想某位你喜歡的高收益客戶，如果

有十位跟他一樣的客戶走進辦公室，想投入一些資金與你合作。這將改變你的事業局面，對吧？

客戶	收益	喜好／畏懼
Hoolinium 公司	$50,000	☹
IntercommuTech 科技	$35,000	☺
Umbrella 公司	$20,000	☺
North Integration 公司	$12,000	☹
GlobalTech 科技	$8,000	☹
Iscram	$5,000	☺
Fan City Tickets	$5,000	☺
Centralware	$5,000	☹
Amplex	$4,500	☹
Rangreen	$4,000	☺

喜好／畏懼分析

有了這份簡單明瞭的資訊，就可以開始建立你的前一百名潛在客戶名單。但是，如果你沒有任何想要複製的客戶怎麼辦？如果真的發生這種情況，我們會以你為範本：你有什麼特點，是你希望你的客戶具備的？知道這些資訊後，我們再看看周圍的其他人——你的供應商、你的朋友、你的圈子裡——任何與你相仿的人。在這些人當中，你最喜歡誰？這些人可以讓你深入了解你的目標族群。[8]

　　畢竟，物以類聚，人以群分。建立你一百位潛在客戶名單的捷徑，就是開始搜尋與他們相仿的人。他們的競爭對手和供應商很可能與他們相仿。如果可口可樂是你的最佳客戶，那麼他們的競爭對手百事可樂也可能是你的最佳客戶；如果汽車製造商福特是你的最佳客戶，那麼福特下游的供應商固特異輪胎也可能是值得考慮的潛在客戶。

　　以下是鎖定你的菁英潛在客群的技巧：

1.　最佳客戶會帶來最高的收益，而且你最喜歡服務這一類的客戶，將你所知道的、能夠定義最佳客戶的角色條件全部寫下來。

2.　從人口統計資料開始，比如行業類別、職稱頭銜、性別、年齡、家庭狀況及宗教信仰。接著找出他們最大的問題

---

8. 我在《南瓜計畫》一書中記錄了整個過程，可以快速且自然發展你的業務。我在這裡分享的只是基本原則，如果你想搞定這個部分，就去你喜歡的書店買本《南瓜計畫》吧！

和想要的解決方案，以深入了解他們的心理特性。總之，我們正在尋找的那些大客戶，他們最大的問題是你最擅長解決的。

3. 接下來，搜尋你的客戶角色會去分享知識、學習、追求娛樂的社團、論壇、聚會、會議和播客，而且在理想情況下，他們會在這些地方尋求解決其最大問題的方法——那就是你該去的地方。你要找到這些地方，並在那裡推銷給他們。

4. 在網路上搜尋「幫助有〔什麼問題〕的〔客戶角色〕」或「替〔客戶角色〕解決〔什麼問題〕」，或者搜尋客戶角色的特定問題。例如，你提供保姆服務，你理想的客戶角色是育有多名幼童的媽媽，你或許可以搜尋「幫助忙不過來的雙胞胎媽媽」。搜尋後會發現，許多網站、資源和聚會等——這些都是你的客戶會聚集的地方。看看能不能得到參與者的資訊，也許可以與網站管理者合作，分享知識，與群眾交流；也許你可以購買客戶名單，你甚至可以幫忙建立名單。建立潛在客戶名單時，可以詢問網站主人如何獲得這些人的資訊，或者建議網站主人可以如何取得資訊。

5. 直接搜尋你指定的理想客戶角色。例如，你提供某種應用於飛機的產品，你的理想客戶是對於駕駛艙更換具有發言權的資深飛行員。可以搜尋「在業界資歷超過二十年的飛行員」或「經驗豐富的飛行員如何影響駕駛艙安裝的配備」，就會跳出許多關於這個群體的組織所寫的文章。你可以聯繫這些人和組織，獲取更多資訊。

6. 社群媒體平台是建立理想客戶名單的有效途徑。我並不是說它一定是你的主要行銷平台，但你可以從這裡建立很棒的名單，因為目標非常明確。可以透過給潛在客戶一些免費的東西來交換他們的聯絡資訊。

7. 如果你從事 B2B（企業對企業）的銷售工作，你可以在網路搜尋既有的理想客戶名稱，在後面加上「○○○的競爭對手」或「○○○的替代選項」。這是尋找潛在新客戶的好方法。例如，搜尋「麥克・米卡洛維茲的替代方案」網路會當掉──開玩笑的啦！搜尋結果會是一個名為「Goodreads」的網站和「Goodreads 會員也喜歡的」幾十位作家名單。其中一位是美國饒舌歌手 50 Cent，我猜可能是因為我有短暫的嘻哈職涯。[9] 或者，很有可能是因為他寫過幾本非常熱門的書籍，內容提到他

---

9. 我所謂「短暫的嘻哈職涯」大概持續了設計一個網站所需的時間──幾個小時。如果你想看我的佳作，請在網路搜尋我的藝名：Fat Daddy Fat Back，你會被與眾不同的音樂迷住。

商業生涯的經驗教訓。

8. 你也可以購買名單。搜尋「潛在客戶名單」，並運用你理想客戶角色的特徵來找到他們。

9. 尋找你理想的潛在客戶廣告（也是 B2B 的理想選擇）。如果你提供服務給電腦維修業者，搜尋「我附近的電腦維修公司」或「在〔特定區域〕的電腦維修公司」，就會跳出一些名單。

10. 至於 B2C 企業對客戶的業者，可以搜尋「〔客戶角色〕俱樂部」或「〔客戶角色〕聚會」或「〔客戶角色〕支持團體」或「〔客戶角色〕活動」。

11. 試試老派作法和建立人脈。吹掉你名片上的灰塵，走出門。去你的理想客戶會聚集在一起的地方，跟他們要名片（或聯絡方式）。名單就從這些聚會中建立起來，商機也隨之拓展。

同樣的，你要尋找那些我稱為聚集點的地方——這些客人找到彼此的地方，目標是把你自己安插進去。所以，要用

這些客戶搜尋彼此的方式來搜尋。他們會用什麼術語來稱呼自己？他們想要解決的問題是什麼？搜尋這些，看看結果如何。然後，找到一種獲得名單的方法。在某些情況下，守門人會是維護網站的人。在許多情況下，透過各種方式搜尋，你就會找到免費的可用資訊。

有時候，你需要更多的情境行銷。像是我在撰寫這本書的時候，正準備要買輛新車。有段時間，我想要買到最新、最好的車子。但現在，我似乎陷入某種詭異的中年危機，因為我某天醒來，突然意識到我根本不太在乎。事實上，最近我想看看自己一台車可以開多久，直到開到不能開為止。例如，我開始把膠帶放進汽車雜物箱，以便隨時能修理——我還沒到達那個階段，但正在接近。你是車商，你會怎麼找到我？

嗯，有幾種方法。透過網路行銷是一定要的，大家會搜尋自己心裡所想的事物。我搜尋過很多關於汽車的內容。如果看一下搜尋分析，就會發現，我的網路搜尋頻率隨著時間增加，而且變得更具體，所以這是一項行為指標，你肯定可以購買付費廣告，來吸引那些在網路搜尋產品、與你提供的產品相符的潛在客戶。

另外，還有一個簡單的標準趨勢。你可以搜尋「人們購買汽車的頻率」，然後得到一個統計數據。接著你可以利用

這個統計數據來找到聚集點。例如，要是一般人平均八年買一輛車，那你可以試著找出八年前有買車的人。

產品

現在你知道應該鎖定哪些對象了。如果你還沒有列出一百個對象，也沒關係，但你需要一些東西。別只是光看不練，給我一些東西，任何東西皆可。給我十個名字，你現在就可以這麼做。

我們要回答的下一個問題是「產品」。你打算行銷什麼產品給你的一百個目標？我相信你心裡已經有想法。我的意思是，你評估完你的現有客戶，這表示你已經開始銷售產品。即使潛在客戶是以你自己為基礎，你心中仍有一個提供的東西。你提供的是什麼東西？

知道你的銷售計畫後，我們現在需要找出這一百多個人最想要你的東西的原因。沒錯。你做了一百萬件偉大的事，我已經知道了，但要讓他們注意到你、被你吸引，他們需要知道你是否滿足他們的核心慾望。回到我買車的過程。我的購買決定受這件事影響很大：我喜歡把東西搬來搬去。我喜歡這樣，這讓我覺得自己是個強壯的人。我喜歡劈材然後搬運回家。我喜歡建造組裝物件；我計畫下次為我家做一個架

高花圃。我的週末戰士形象就是穿著工作靴，滿身泥土——小轎車並不符合我的自我形象，但皮卡（Pickup Truck）可以。那種符合我的形象。所以，我最想要的是一輛皮卡，好處是我感覺自己變得更強壯。我也想買一輛電動車，我知道電動車可能未必給環境帶來多大的改善，但這是朝正確目標邁進的一步。還有，我不喜歡汽車排放的氣體味道。我也希望車別太大台，方便停車。我住在紐澤西州，那裡人口密度很高，停車格一位難求。我也想要所有花俏的附加功能：控溫座椅、全電動裝置。如果還能幫我按摩，我馬上購入。

哪家公司能製造出一輛經過改裝的全電動皮卡，讓我覺得自己是強壯的傢伙，而且耐用程度長達十年以上（不用強力膠帶修補），它就會引起我的注意。我得到我想要的產品，身為客戶，得到最想要的產品就是對我的最佳服務。

所以問問你自己，你提供的服務有什麼特別之處，最能讓你的理想客戶受惠？在你向你的一百個目標推銷之前，你必須弄清楚什麼產品最能吸引他們。DAD 行銷架構正好適用於此。你與眾不同，引起目標對象的注意；藉由你家產品的最大優勢來吸引他們。接著，你要藉由明確的勝利來指示他們採取行動。

勝利

　　所有行銷的最終目標，是實現你想要的。可能是得到一名客戶，或者留住一名客戶；也可能是獲得一個推薦，或者有人自願投入時間推薦他人。現在你知道你的理想客戶角色（對象）和你打算賣給他們的東西（產品），接下來你將確認你想要的最終結果（勝利）。這就是對象、產品及勝利——三個關鍵任務元素。

　　例如，你從事屋頂工程業務。對你而言，勝利就是客戶購買新的屋頂。問題是，潛在客戶不一定會有一份屋頂工人清單。更常見的情況是：屋頂漏水，屋主在閣樓找尋漏水原因，多希望只是有人在樓上擺了一桶水，然後有隻松鼠把水打翻而已。唉，可惜問題往往是屋頂漏水，他們的困境就是你採取某些與眾不同行銷策略的機會。你需要鎖定對象、產品與勝利。對象是屋主與漏水的屋頂。產品是不會漏水的屋頂。你的勝利就是屋主購入新的屋頂。

　　記住，DAD 行銷架構與對象、產品和勝利密切相關。一旦你博得他們的注意力並吸引他們參與，我們就需要使用合理的步驟引導他們走向勝利。你的勝利可能是讓他們砸下兩萬塊美元購買新的屋頂，但如果你的行銷文案這樣寫：「現在就給我們兩萬塊！」這個要求可能太不合理了。所以我們

需要以有效率的方式邁向勝利，同時注意避免任何阻止潛在客戶繼續往下走的可能性。

因此，當勝利是售出兩萬塊美元的屋頂時，潛在客戶對於我們行銷的第一步體驗可能是詢問聯絡資訊。比方說，提供電子郵件地址，就可以「獲得十個更換屋頂的注意事項」；或者提供電話就能「換取免費估價」。

我再次強調，所有行銷的最終目標都是實現你想要的。一旦你確定你的勝利，然後引導潛在客戶採取具體、合理的步驟，就能帶領他們邁向勝利。

與眾不同的實驗表單

我們要透過採取行動、冒著一次次的小風險來建立信心。哈佛大學教授泰瑞莎・艾默伯（Teresa Amabile）在她的《進步法則》（*The Progress Principle: Using Small Wins to Ignite Joy, Engagement, and Creativity at Work*）一書中指出，定期規律的小成功，比大成功更能提高工作績效。她解釋：「如果人在對自己重要的工作上獲得真正的進步，他們在一天工作結束時就會有更多發自內心的動力——對於工作的熱情與享受工作的樂趣。」

為了幫你承擔這些小風險，我設計一份「與眾不同的實

驗表單」。你可以在網站 https://gogetdifferent.com/ 免費下載。或者，願意的話，你也可以簡單的用張便條紙或將實驗紀錄寫在你的日誌上。你將在本章和後面三章中完成實驗表單的內容。然後，我會在第七章告訴你怎麼從頭到尾完成它，並確定你的行銷想法是否真的可行。

為了讓我們的目標更清楚明確，首先得詳細填寫你的對象、產品和勝利。這樣才能進行與眾不同的實驗，所以不要跳過這個步驟。

你知道你不是獨自行進，而且你有個範例。我會陪你完成所有表單。

與眾不同的實驗表單

步驟一：目標	**對象** 誰是理想的潛在客戶？
	產品 提供給他們的最佳服務是什麼？
	勝利 你想要什麼結果？

步驟二：投資	**顧客終身價值（LTV）：＿＿＿＿＿** 典型顧客生命週期帶來的價值（收益）	**備註：**
	可能的成交率：每＿＿＿當中有＿＿＿ 你預期潛在往來客戶的成交率，例如每五個客戶當中有一個成交	
	每位潛在客戶的投資額度：＿＿＿＿ 你願意為每位潛在客戶冒險投入的金額	

步驟三：實驗	**媒介：＿＿＿＿＿＿＿＿＿＿＿** 你會使用什麼行銷平台？例如網站、電子郵件、DM 行銷、廣告牌等 **點子：**	**這些作法有通過 DAD 行銷架構嗎？** □ 差異化 □ 吸引力 □ 指示

步驟四：測量	**預期目標** 開始日期：＿＿＿＿＿＿＿＿＿ 預期潛在客戶人數：＿＿＿＿＿＿ 預期回報：＿＿＿＿＿＿＿＿＿ 預期投資額：＿＿＿＿＿＿＿＿	**實際成果** 結束日期：＿＿＿＿＿＿＿＿＿ 實際潛在客戶人數：＿＿＿＿＿＿ 實際回報：＿＿＿＿＿＿＿＿＿ 實際投資額：＿＿＿＿＿＿＿＿

觀察：

評估結果 {

擴充＆追蹤	再測	改良	放棄
作為可持續發展的策略	測試新樣本	改善後再測	重啟另個新實驗

與眾不同的實驗表單

步驟一：目標	對象
	誰是理想的潛在客戶？
	產品
	提供給他們的最佳服務是什麼？
	勝利
	你想要什麼結果？

步驟一：目標——與眾不同實驗的第一階段
確認潛在客戶、提供的產品、以及想要的結果

以下是我想的：

1. **對象**：「處於劣勢」的創業家，擁有優於其他選項的產品或服務，卻因無效的行銷手法而難以博得關注。

2. **產品**：我的著作《瞬間吸睛行銷術》提供一套簡單且效果極佳的行銷架構，可以永久使用這套架構。

3. **勝利**：他們購買《瞬間吸睛行銷術》這本書。

在我的例子中，我的對象是理想的潛在客戶。這是我的《瞬間吸睛行銷術》行銷的具體目標族群，但其他人可能也會被吸引而來。大型機構的行銷部門員工可能因本書受惠，

不是處於劣勢的創業家可能也會使用。但重點在於，我向目標族群行銷，並不排除其他可能受到吸引的人。

再來看看我的產品，你會發現我著重在行銷這本書。當然，我也提供其他服務，例如與眾不同的訓練制度和實例操作，但我需要將範圍縮小到我要行銷的產品上面。如法炮製，你選擇一項產品向一個族群進行行銷。每個實驗針對單一族群推銷單一產品。你可以按照需求調整，進行無數次的行銷實驗來銷售其他產品。

勝利條件就是買書。再次強調，我只著重在一件事上面。我需要以我的對象會購買的方式進行行銷──這就是最終目的。只要實現成果，我就可以引進其他與眾不同的行銷方式。或許還會有讀者鼓勵其他人閱讀本書，但我還是那句老話，保持簡化：一個動作，每次實驗針對單一類型的潛在客戶。

你願意投資什麼？

在此有個關鍵問題：獲得理想顧客的終身價值是多少？在理想顧客與你進行的所有交易當中、在他們與你合作的整段期間內，你期望他們為你創造多少收益？要不，你也可以選擇其他計算終身價值的方法，像是利潤或毛利率，但為了簡單起見，我建議你以收益為基礎，並使用像我在《獲利優

先》（*Profit First*）一書概述的系統，以確保你的每筆交易都包含利潤。

如果推測理想顧客的終身價值讓你苦惱，只要去查看迄今為止的最佳顧客，將他們的平均年收益乘以你希望繼續為他們服務的總年數。我不希望你糾結在枝微末節，但我確實需要一個大概的數字。理想顧客在生命週期內能創造出一百美元的收入嗎？還是一千、兩萬、還是七千五？會超過十萬嗎？只要給我一個粗略的數字。

現在來看看你將獲得這名顧客的可能性。如果你以直接且有效的方式向理想的一百個潛在客戶目標行銷，你贏得他們關注並拿到訂單的機率有多少？這些就是可能的成交率。在你回答以前，我想知道如果你全力以赴的話，依照最佳行銷成果，你認為最好的機率是多少。每兩個當中有一個成交？五個當中有一個？十個當中有一個？如果你不確定如何回答這個問題，可以看看你過去行銷成果的轉換率如何。或者查看業界的平均轉換率。

接著，考量顧客終身價值與可能的成交率，你願意為每位潛在客戶投資多少？可以把它想像成賭注。也許是二十一點、或者撲克牌、或者推測誰會抱回奧斯卡大獎。你得根據資金池（顧客終身價值）和贏得資金池的機率（可能的成交率）計算自己想要投資多少？你敢賭多少？認真來看，多少

錢？你知道獲勝的獎金。根據理想顧客的終身價值，你認為值得冒險投資多少？

你選擇什麼？你賭十塊美元嗎？或者一百美元？一個會為你而非競爭對手帶來一萬美元的理想顧客，可能甚至值得你投入三、四百美元來打賭。假設你的機會是五比一或三比一，講吧！或許花幾千塊美金來賭都是值得的。最後，無論你選擇什麼數字，我們最終都得到一些重要的東西。我們已經得出你投資每位潛在客戶的額度。

我知道這些稱不上科學作法，但你需要進行真實的計算。這麼做的目的是讓你大致了解，對於理想顧客，什麼樣的行銷支出最適合理想顧客。

現在你已經知道幾個關鍵數字，理想潛在客戶的終身價值、成交的機率、以及你願意花多少錢，我們有了以不同方式行銷獲得結果的參數。

在這個例子中，如果你投資每位潛在客戶的額度是一百美元，我想你馬上就會發現，電子郵件行銷或業界其他人正在做的傻事都起不了作用。完全不管用。

撰寫本書之際，我偶爾會在我的社團詢問大家關於在行

銷方面遇到的挑戰。我就是這樣認識琳達・韋瑟斯（Linda Weathers）的。在某個週日下午三點五十四分，我發布這則貼文：

「我正在尋找有這種經驗的企業老闆：行銷總是做不好、想要放棄；或者已經宣告投降，覺得結果就這樣的老闆。」

四分鐘後，這是她的回應：

自從創業以來，我至少花了九個月時間研究這個問題。我放棄了，請人來也沒用。我已經花數千美元想讓行銷動起來。我和幾十位所謂的專家合作過、自己發文、閱讀關於該怎麼發文的內容、還有其他很多方式。我是會計師兼稅務規劃師／報稅員，這是一項沒有人想在檯面上討論的業務。我每年替客戶節稅省下高達三萬美元（我的第一位客戶，這就是我替他們省下的稅款）。我有個網站，並聘請一位網頁設計師，後來又聘請另一位，直到我找到一位能夠設計出我喜歡的網站，專業且適用於我提供的所有業務——但還是沒有任何業績。

後來我又找到一位教人怎麼做行銷的「教練」。我告訴他，我不想再學了，也不想花更多冤枉錢，所以他答應幫我做行銷。他說我的專業知識相當豐富，跟我談過的人都會想要聘請我，他認為他可以在三十天內替我找到三十至五十

位聯繫窗口。五個月後，我花了八千美元，依然一無斬獲。最後他終於找到一個人打電話給我，結果那人以前和我工作過，而我已經解雇他們了。

我只能坐在電腦前面，試圖想出一些吸引客戶的方法。基本上從早上八點到晚上九點都在電腦前，有時候甚至更久。我學習可能幫我爭取到新客戶的新事物，每週與我的少數客戶工作的真正時間大概只有八小時——那是我過去從事兼職的工時。我需要客戶數成長到現在的十倍才能繼續支付房租，但什麼作法好像都不管用，令人非常沮喪。

琳達的回應讓人看了很難受。我覺得她被龐大的行銷謊言所利用：以為行銷沒有發揮作用，是因為自己做得不夠。

我馬上就知道我想幫助琳達擺脫這個陷阱，所以我請她撥電話給我。五分鐘後，我們在 Zoom 視訊會議平台上第一次見面。她在臥室接電話，因為她姊姊和姊姊的男朋友都搬到她的公寓裡，幫忙分擔開銷，所以沒有什麼個人隱私。她的委託記帳業務也在那個房間裡進行，甚至可能偶爾試著在那裡睡覺，我懷疑那樣的睡眠品質是能好到哪裡去。

接下來一個小時，琳達解釋自己的情況。她開業一年多，依然沒有固定客戶。由於不知道怎麼開發潛在客源，她投資三個不同項目來幫助自己獲得潛在客戶。猜猜看她花了多少

錢？你會在第一天投入多少風險？第六十天呢？第兩百天呢？

琳達花了五萬美元。她不知道預期顧客終身價值有多少，因為她才剛成立公司，但她願意冒險投入自己畢生積蓄，舉債去開發潛在客源。這個部分讓我不小心有點激動起來，那些對她誇下海口的「行銷專家」應該感到羞愧，拿空頭支票壓榨別人的血汗錢，講好聽點是超級低劣的行為，講難聽點是犯罪。氣到讓我想在下雨之前拿廁紙扔他們家。你會幫我吧？很好，我就知道你會。

琳達告訴我，這類專家每個月向她收取五千美元，並承諾會帶來大批潛在客戶。「結果第一個月我沒有得到任何潛在客戶，他又說我需要做更多。」琳達坦言：「所以，我把金額加倍。」

在這個十分常見的鬼故事中，幾個月過去了，花了好幾千美元，但她依然沒有得到一個潛在客戶，就像我合作過的許多創業家，她已經走投無路了。然而，她還是認為可能自己投資得不夠。「我在想我是不是應該堅持下去。」她說。嗯，不是。

在艱困時期，當我們極度渴望什麼、什麼都可以的時候，更容易被快速致富的狗屁玩意所欺騙。當我們投資於傳統行銷工具，如付費潛在客戶開發和付費廣告，成效卻很糟糕的

時候，我們往往覺得是自己做錯了什麼，或以為做得還不夠。無良「專家」常常讓我們出現這種感覺。但這些根本不是事實。

「琳達，我要教妳的行銷架構不讓妳花一分錢，」我告訴她：「只要妳願意做點不一樣的事。」

滿懷感激與渴望的她，同意在我的指導下採行與眾不同的方法。正如我請你們執行的那樣，她先列出她的一百個潛在客戶目標。然後，我們設計一個她可以自己發送的創新電子郵件活動。不到三週，她就找到兩個新客戶和一個潛在客戶。

才三個星期。

來對照成果。她在傳統的潛在客戶開發工作花了五萬美元，九個月後沒有任何客戶。這個與眾不同的方法不花一分錢，只需要十五分鐘的訓練，短短三週內就為她帶來兩個客戶和一個潛在客戶。

重點是，你得了解你的一百個目標，還有你會投資多少來獲得他們。記住，這個數字是你的最大花費，實際金額可能是零。

>>>> 輪到你了

　　如果你還沒填寫與眾不同實驗表單的前面兩個步驟，現在就去寫吧。你需要這些資訊來執行第一件不一樣的事。再說一遍，你可以在網站 gogetdifferent.com/ 免費下載。或者，你也可以簡單用張便條紙或將實驗紀錄寫在你的日誌。

　　在進入下一章之前，重要的是得知道你想吸引哪些潛在客戶、你想販賣什麼、預期的結果、以及你願意投入多少錢。搞清楚這些將有助於瞄準你的行銷目標，讓行銷效果更好，所以請別跳過這一步。

步驟一：目標

1. **對象**：誰是你的目標客戶？

2. **產品**：你會提供什麼給他們？

3. **勝利**：你預期最終達到什麼結果？

步驟二：投資

1. **顧客終身價值（LTV）**：你客戶的終身價值是多少？

2. **可能的成交率**：在盡最大努力的情況下，你獲得這名客戶的機會有多大？

3. **每位潛在客戶的投資額度**：知道成交勝算之後，你願意投入多少錢來嘗試行銷，以得到這些客戶？

步驟二：投資	顧客終身價值（LTV）：＿＿＿＿＿＿ 典型顧客生命週期帶來的價值（收益）	備註：
	可能的成交率：每＿＿＿當中有＿＿＿ 你預期潛在往來客戶的成交率，例如每五個客戶當中有一個成交	
	每位潛在客戶的投資額度：＿＿＿＿＿＿ 你願意為每位潛在客戶冒險投入的金額	

步驟二：投資——與眾不同實驗的第二階段
確認顧客終身價值和測試每位潛在客戶的投資額度

輪到我了

關於這個部分我是這樣寫的：

1. **顧客終身價值：**$28.00

2. **可能成交率：**1:5（每五個當中有一個成交）

3. **投資每位潛在客戶的額度：**$1.00

4. **備註：**顧客終身價值只針對單一讀者。我的版稅（收益）是每本書 3.50 美元，一位終身讀者會讀我的八本書，所以是 28 美元。我會設計其他與眾不同行銷計畫，為參與讀者提供其他服務。

　　身為作家，我販賣的是實體產品——書籍。有些版稅較高，有些版稅較低，但每本版稅平均是 3.50 美元。

　　如果透過與眾不同且有吸引力的方式來推銷給我的潛在客戶，我預估會有五分之一的機會讓他們購書。記住一點，可能成交率是潛在客戶邁向勝利的機率。我的勝利是他們買了一本書。

我需要把我的行銷分成幾個步驟，以確保有個合理的指示。所以，在他們第一次與我接觸的時候，我可能會指示他們給我聯絡資料。在後續的行銷往來，我可能會邀請他們購買這本書。除非對象是我媽，這我可能會直接買書給她，然後說是我爸送她的禮物。

　　這關係到自尊問題。

第四章
用差異化引起注意

　　傑西・柯爾和愛情長跑多年的女友艾蜜莉求婚，一週後，兩人開車前往薩凡納市（Savannah）歷史悠久的格雷森體育館（Grayson Stadium）觀看小聯盟棒球比賽。那時候傑西有一支大學棒球隊，當時叫卡斯托尼亞灰熊隊（Gastonia Grizzlies）。靠著貸款與投資人贊助，他東拼西湊才買下這支剛起步的球隊。他期待將灰熊隊打造成一支很棒的球隊，然後與艾蜜莉展開他們的新生活。

　　「那是個完美的週六夜。華氏八十二度，萬里無雲——是觀看棒球比賽的絕佳日子。」他告訴我時，我們正在討論本書。「然而，當我們穿過莊嚴的磚柱、走進主看台時，大概只見到兩百人。」

　　更糟的是，傑西形容現場群眾瀰漫一股「看牙氣氛」——好像他們根本不是去看球賽，而是在等待根管治療。

　　「我從來沒看過這麼冷清的球場。」傑西說：「所以比賽結束後，我打電話給小聯盟主席說，『嘿，如果這支職業球隊離開，我們現在就可以喚醒市場。』我知道我們可以改

變薩凡納的棒球。」

蒙神眷顧。兩個月後，擁有這支小聯盟球隊的紐約大都會隊（New York Mets）要求該市政府投資三千八百萬美元新建一個體育館，否則他們就會離開。結果，紐約大都會隊沒有得到新球場，傑西和艾蜜莉則拿到舊球場鑰匙，並有機會重振另一支球隊。

在薩凡納最初幾個月很難熬。即使球團經營團隊傾盡全力，當地居民依然抱持懷疑態度，許多人甚至不喜歡棒球。三個月過去，只賣出一張季票。傑西和艾蜜莉都破產了，為了維持生計不得不變賣所有東西——包含他們的床。

但他們拒絕放棄。他們在當地報紙刊登廣告，宣布即將到來的賽季將推出一些古怪、老少咸宜的促銷計畫：賽季套票、跳舞的球員、以及跳霹靂舞的一壘教練——看到沒，傑西有眼光。他希望大學棒球隊更像哈林花式籃球隊（Harlem Globetrotters），而不是大聯盟。他把棒球看成馬戲團中間舞台的表演，周圍不斷有餘興節目。你可能以為他們的計畫能博得一些關注，結果相反，鴉雀無聲，沒有人回應。沒有人回應是因為<u>沒有人注意到</u>。

「我們需要被關注。」傑西解釋：「為博得關注，我們必須做些真正不同的事。」

蒙神眷顧，進入第二篇章：他們舉辦了球隊命名比賽，

並募得許多可供選擇的好名字。有些唸起來像薩凡納，有些則聽起來像支棒球隊該有的名稱，如水手隊、首領隊、幽靈隊。然後，其中一個入選名稱與上述規則完全不同——香蕉隊。

薩凡納並非以香蕉聞名的地方，也沒有哪裡與香蕉雷同，只是名字押韻而已（Savanna 和 Banana）。還有一點值得注意的，這點非常重要：這個名字與眾不同，出乎眾人預期。於是他們便採用這個隊名。

傑西與團隊宣布球隊名稱的那天，他們從默默無聞變成鎮上的話題。突然間，當地媒體想採訪他們，接著全國媒體也來了。然後，季票開賣，越賣越多。在第一場賽事開打前，世界各地的民眾已經開始購買他們周邊商品。

到了薩凡納香蕉隊第一個賽季首日，比賽門票已經售罄。他們在 2017 年到 2019 年的每場比賽門票都銷售一空。

我認識傑西多年，曾在《獲利優先》書中分享他從百萬美元負債轉虧為盈的故事，也在《放手經營》（Clockwork）書中提過幫助他提高業務效率的重大發現。所以，當我在想找誰討論關於獨特的行銷手法時，他是我的不二人選。傑西是擅長與眾不同的大師，他的作品《找出你的黃色西裝》（Find Your Yellow Tux），是任何想要脫穎而出的業主必讀的書籍。看過的人，立刻就會明白為什麼我和他是行銷方面

的靈魂伴侶。

2020 年夏天，所有球隊都因為疫情而停止或減少活動，唯獨他的球隊想出如何讓購票觀眾參與的辦法。事實上，即使疫情大爆發，薩凡納香蕉隊依然有個獲利年；相比之下，職棒大聯盟同一時期虧損了四十億美元，原因在於民眾無法觀賽的時候，大聯盟仍試圖維持「正常營運」。傑西將所有成功都歸功於博取關注的規畫，而非行銷規畫。

「實際情況是，每個人都有一套行銷規畫。可是有多少人計畫性的讓自己一直受到關注呢？」傑西告訴我：「你得靠與眾不同來獲勝，因為『不同』總是能引起注意。」

在別人和你做生意以前，他們對你的唯一了解就是你的行銷，所以要採取相應的行銷策略。好的規畫其實是好行銷的延伸。如果不能證明你的規畫能吸引潛在客戶的注意，到頭來也只是延伸一些不管用的部分。你已經知道你必須掌握吸睛的瞬間，首先得想出一種能夠通過眨眼測試並博得關注的辦法，然後制定規畫將其推廣出去。

我在本章將分享我所採用的策略 —— 和傑西所採用的 —— 這些可以幫助你想出足夠不同的行銷點子，從而獲得你需要的關注來發展你的事業。不過，在我們進入正題以前，我希望你們先拋開所謂的「絕妙點子」。你會不會無意間迸出將來可以稱得上聰明絕頂的想法？當然會。但問題是，

找出自己與眾不同之處，並不需要那麼聰明、前衛、或擁有
超級智商。你也不必像我這樣，我是怪咖，成天想些奇奇怪
怪的事情，而且克服恐懼，勇於嘗試我的點子。你不需要做
到這種程度。你可能只需要針對現有行銷操作進行簡單的調
整。因此，別誤以為在此必須提出什麼革命性想法而感到失
望或沮喪。只要簡單、基本、容易調整的作法，只要有差異
化。

嘗試不同的媒介

　　想讓行銷與眾不同，最簡單方法之一就是使用不同的媒
介——與你已經使用的媒介不同，而且與你業界既定標準的
媒介不同。誰說你非投放 Facebook 廣告不可？或者派發廣
告傳單？還是做影片？沒有人，就是這樣。好，你說業界大
多數人都這樣講，但沒有人強迫你這麼做。我想說的是，那
些行銷「專家」、廣告大師、以及在商務會議的「經驗豐富」
人士，他們並非你的老闆。

　　當然，你必須考量到，改變行銷媒介是否能讓你的一百
個目標看到。並非所有改變媒介的作法都能奏效。例如，寄
優惠券給公司高層主管，可能不會送達他們手中，也許他們
的助理會先注意到，這類信件很可能還沒抵達助理辦公桌前

就先被扔進垃圾桶。

只要邁出一小步，問問自己：「如果我只是改變用來操作行銷的媒介會怎樣？」有時候，這種簡單的改變就能改變一切。

為了確實激發你的腦力，以下列出一些行銷媒介的範例：影音、招牌、宣傳冊、廣告傳單、網紅行銷、印刷、包裝、戶外廣告、室內廣告、電話、網路、點擊付費廣告、搜尋引擎行銷、社群媒體、聯盟行銷、電子郵件、電視、演講、人脈推薦、促進口碑行銷、貿易展覽、會議、無線存取點行銷（access point marketing）[10]、公關（PR）、搜尋列表、背書代言等——清單持續增加中。

嘗試其中一種在你業界沒有人會使用的行銷媒介。如果別人都寄文字的電子郵件，那你就寄影音的電子郵件；如果他們不派發傳單，那你就去做；如果他們派發傳單，那你就用另一種方式。當你採取非典型作法，差異性就顯現出來了。

在傳單行銷案例中，我最喜歡凱西・安東（Kasey Anton）的故事。凱西現在是史派克商務顧問（Spark Business Consulting）的老闆，也是「獲利優先」認證大師，過去她在波士頓與人合夥開了一家時髦的餐廳。

她用電郵回覆我先前問她的一些細節。「我們的店開在

---

10. 行銷媒介管道似乎源源不絕。我在搭機時接觸到「無線存取點行銷」的概念。有人將自己手機上的藍芽和 WiFi 的無線存取點命名為「The CIA」——真可愛。每當我要使用 WiFi 時，就會看到「The CIA」，同班飛機上的其他乘客也是如此，所以我也把我手機的無線存取點名稱改成「到亞買遜購買《獲利優先》」。每次參加讀者聚會（或搭飛機）的時候，我就打開這個。存取點設有密碼保護，因為我只是想讓別人看到，然後好奇《獲利優先》是什麼？」我希望他們會想到「上亞馬遜網站查看看」。就目前而言，我知道的人當中沒人這樣做過。這就是與眾不同。

後灣區（Back Bay）的小巷內，有點『內行』的人才會來我們這裡用餐，但即使具備所有五花八門、迷人的獨享性質，我們平常營業時間依舊坐不滿。」

於是凱西想出一個主意——一個她的合夥人討厭的主意。她想把生日蠟燭寄給以前已經填完附有姓名、地址和出生日期等資料意見卡的顧客。她打算附上一張優惠券，上面寫著「晚餐我們請客」，免費提供一份他們選擇的主菜。

「坦白說，我的合夥人認為這個作法『沒品味』。」凱西說明：「我認為只是幫客人慶祝生日，這正是我最初喜歡的款待方式——慶祝。」

她的合夥人都只注重美感，根本沒有任何行銷規畫。「有位合夥人會去高檔餐廳或夜店『露個臉』，然後漫不經心『邀請』別人來我們的餐廳。我的另一位合夥人是主廚，只會待在廚房，堅信『只要料理做得好，客人自然會上門』。但我已厭倦等待，帳單也需要支付，所以我做了我認為該做的事，那就是投入我的行銷主意，看看能做到什麼地步。」

從服務生回收的意見卡中，凱西將生日和紀念日按月分類，輸入試算表，這樣就可以輕鬆印出標籤。接著，她在Word 設計優惠券。「沒有附加條款、沒有買一送一、沒有低消，因為我想大家應該都很討厭那些廢話。」（沒錯，凱西，我們討厭廢話，厭倦那些千篇一律、老套、老掉牙的廢

話。）「我只想說，『嘿，今天是你生日，太棒了，讓我請你吃飯吧』就這樣。唯一需要注意的是，這項優惠不適用於週五或週六晚上，因為那些時候我們通常很忙。」

凱西認為多數人不會在生日那天獨自用餐，所以餐廳可以從同行友人身上賺點錢。客人真的上門了。生日蠟燭引起人們的興趣（差異化），因為它不是典型的傳單行銷活動，而且誰看到真正的生日蠟燭不會笑出來呢（啊哈）？

「雖然我的商業夥伴對於這個活動有點嗤之以鼻，但沒有任何客人抱怨。他們都愛死了，其他客人也迫不及待的填寫意見卡，想加入我們的名單。」

凱西追蹤她蠟燭行銷計畫的投資回報率。除了贈送主菜的成本，其他成本都很低：大約兩百張郵票、兩百張紙、一些印表機的墨水及幾盒生日蠟燭。所以，他們花不到兩百美元辦了一場促銷活動，並在一個月內從新客身上獲得超過一萬八千美元的毛利。

凱西持續進行這項促銷活動，直到 2008 年賣掉她的餐廳為止。「直到現在，」她說：「我仍相信這是讓我們經營這麼久的唯一辦法。」

看到改變媒介的力量了嗎？看到一個簡單點子的力量了嗎？

挖掘點子

如果你能變成牆上的蒼蠅,在別人討論你的產品時偷聽他們的想法,你覺得這樣值多少?我告訴你,無價。集體腦力激盪是想出大量、不同行銷點子的最佳方法之一,避免我們往往對自己的想法產生內在偏見和下意識判斷。

過去,你可能嘗試過類似的練習。「挖掘點子礦」(Idea Mine)是我設計的一種集體腦力激盪方法,來點爆米花,來點「麥克」,來點經商大師的規則。我會和我的團隊、客戶一起進行這個練習。

以下是它的運作原則:

1. 召集至少五個願意參與的人組成一個小組。儘量找背景不同、在你所屬業界以外的人。

2. 指定其中一位擔任協調人,負責控制時間並確保每個人遵守規則。在小組集合時,提供以下資訊:
   ① 簡單描述你的理想客戶角色(也就是你的理想顧客)。
   ② 簡單描述你的產品,說明這項產品為什麼適合你的客戶角色。

③ 你的產品最能解決客戶角色的哪個問題。

④ 你的競爭對手向潛在客戶推銷相同或類似產品的典型方式是什麼。

3. 接著，拿出紙和筆寫下想法。將你的椅子搬離開小組成員，這樣你聽得到他們的聲音，但他們看不到你的臉。如果是視訊會議，請關閉鏡頭和麥克風。

4. 計時器設定三十分鐘。每個人輪流分享他們關於你如何行銷你的產品有什麼新的或不同的想法。聽到這些想法，不要評論，把它們寫下來。反正你也沒時間評論，因為一旦小組開始運作，點子就會迅速撲向你。

5. 挖掘點子的黃金法則：沒有人對想法發表評論。繼續進行下一步驟，或是繼續完成前一步驟，但不要停下來。沒有安靜的時候，只有不斷提出想法。唯一糟糕的想法就是沒有想法。重量不重質。

6. 如果小組的腦力激盪卡關，協調人請介入並嘗試以下技巧：

① 清除路障：排除所有阻礙。詢問小組成員，如果沒

有時間、金錢或其他資源的限制，他們會怎麼行銷。

② 引進路障：創造意想不到的阻礙，讓小組大腦以全新的方式運作。例如，告訴他們理想的客戶角色是盲人、或住在島上、或擁有祕密的超能力。

③ 激發靈感的對象：從房內選擇一個對象，請參與者提出包含該對象在內或與該對象相關的行銷想法。

④ 大膽離譜的想法：請小組成員提出一些有趣但有風險的行銷方法，這類想法可能會讓你陷入麻煩。但有時候，最好的點子一開始都很瘋狂！

⑤ 他們會怎麼做：請小組成員思考某位名人（無論在世或去世）會怎麼行銷你的產品。或者，小孩會怎麼行銷？或者其他毫不相干的職業，例如水管工會怎麼賣褲襪？褲襪模特兒會怎麼賣水管？他們會怎麼做呢？

　　對於那些無法自己想出獨特點子的人而言，挖掘點子的練習特別有幫助。你當然不會全部採用，也不可能使用前面描述的任何一種，但你絕對會發現一些值得追求的珍貴想法。在本章最後，我將分享一則案例，關於我的一位客戶如何利用這套練習想出一個成功的點子，幫助她不到兩週時間就實現自己的預期目標。真的很有效！

平凡與不顯眼之處

集思廣益最大的幫助就是觀察別人平常的作法，這樣才能激盪出不平凡的想法。這就是關鍵。想看見顏色，你需要黑色和白色；想聽見音符，你需要安靜下來；想採取不一樣的行銷，你必須了解大家平常的行銷方法。

第一步很簡單：記錄業界典型的行銷方法。描述你的產品，其中明顯的特點與優勢是什麼？與你對手吹噓的特點和優勢一樣嗎？如果競爭對手賣的產品與你完全不同，可能是賣類似的產品，不然你就不會把他們當成競爭對手，對吧？如果有幫助的話，請想像一下宿敵的模樣。他們會在行銷上強調產品的那些部分？例如，他們會指出產品的耐用度嗎？還是快速服務？他們在比較特點時，會怎麼證明自己的產品比其他人好？

列出產品優勢時，請思考過去經驗與結果。你的競爭對手是怎麼證明他們製造的競爭產品更適合顧客？優勢是「這樣你可以……」，特點是獨一無二的功能，而優勢是你可以從該特點中獲得的。比如說，特點是「燈光更亮」，那麼優勢就是「這樣你可以看得更遠」。

現在來考量產品的常見用途。你的目標族群會如何使用你的產品或服務？比如說，你販售反光膠帶，是不是主要用

於標示建築工地的危險區域？或者路跑人士把它貼在鞋子或衣服上，這樣晚上汽車才能看得更清楚？

　　拿著這份清單，你已經注意到「灰西裝」的市場情況。現在穿上你的「紅西裝」，腦力激盪出與眾不同的行銷策略。限制因素可以激發創造性思維。請考量以下情形：

1. 假如你必須將產品推銷給某位認識的人呢？要是你身處數百人之中，怎樣才能引起他們的注意？

2. 假如你必須限縮行銷範圍到僅有一項特點和一項優勢，該怎樣做？你會怎樣放大好處讓其他劣勢變得無關緊要？

3. 你的產品有哪些非典型的地方？有什麼是別人沒提到的？

4. 假如你不能使用業界慣用的**任何**標準行銷方法，該怎麼辦？你可能會嘗試哪些作法？

5. 不該使用你的產品的原因是什麼？哪些東西是**大多數人**不會喜歡的？同樣的這些東西，怎麼做才會受到理想的少數潛在客戶喜愛？

6. 你的產品不能做什麼？沒有什麼特點？如何讓你的產品或服務變得更好？

　　來深入研究最後一個情形。想想你的產品所**缺乏**的特點與優勢。這份清單的目標是數量，並非質量——我可以這麼形容，只要往牆上扔一坨義大利麵，我們就能搞清楚是否黏得住。

　　我打電話給傑西，想了解在全世界取消現場活動的情況下，薩凡納香蕉隊是如何於 2020 年 COVID-19 疫情期間實現獲利，我向他提出平凡與不顯眼的遊戲挑戰。我看了看書桌，挑中第一眼注意到的東西：一台簡單的計算機。

　　「來看看我們能不能把它推銷出去。」我提議。

　　因為傑西是我行銷方面的靈魂伴侶，我知道他一定會參賽。

　　首先，我們列出大多數公司在行銷計算機時會提到的所有特點與優勢：續航力長、輕巧、準確、易於觸控的按鍵等。常見用途很簡單：計算數字；沒那麼複雜。

　　列完普通、常見的清單之後，我們開始關注那些不顯眼的部分。這台普通的舊式計算機缺乏什麼特點與優勢？

　　是時候提到我的寫作夥伴安嘉涅特・哈爾波（AJ Harper），她也加入我們的電話會議。我會提起這個，是因

為安嘉涅特很討厭行銷。我的意思是，她超級討厭行銷。雖然她可能不同意，但我認為她會有這麼強烈的感覺，背後主要原因是她害怕自己不擅長。她也有根深蒂固、害怕突出的恐懼。稍早在電話中，她幾次提到我和傑西是如何自然而然想出有創意、跳脫思維的想法。（行銷方面的靈魂伴侶。我說得夠多次嗎？我只是想確認你有沒有記得。）雖然，她某程度上沒說錯，但主要是因為我們經常練習。我們透過努力實踐建立我們的行銷能力。不斷努力。這個技巧很簡單，你也可以一直練習，包括現在。準備好了嗎？

放眼望去你第一個見到的東西，幫它想出不同的行銷點子。可以是任何東西。1937 年出產的皇家打字機、一瓶開木斯酒莊（Caymus）的卡本內蘇維儂紅酒、或者一把 Xikezan 鬍鬚直髮刷。沒錯，這些是我寫到這裡在辦公室最先看到的三樣東西。我知道，看起來很像恐怖電影的開頭。凶器？當然是鬍鬚直髮刷囉！受害者？聖誕老人？

我的重點是，你可以藉由任何東西來練習你的行銷能力，但不能拿你創造的東西。我們對別人的產品會很有膽量，但對自己的產品卻很保守。所以，練習為別人的產品想出不一樣的行銷點子，懂嗎？

回到傑西、安嘉涅特和我身上。

我們正試圖想出絕妙的新方法來推銷一個沒人注意的四

美元計算機，安嘉涅特大部分時間都在聽我們即興演出，偶爾對我們古怪的想法大笑（或翻白眼）。

然後，她突然說：「計算機沒有 GPS 功能。我們通常使用手機的計算機，但手機有 GPS。」很棒的觀點，安嘉涅特！你具備的特點通常與你沒有的特點一樣強大。

我們採納這個提議，並考量這個「非特點」的最大好處。很簡單：計算數字的時候不會被定位追蹤。把這個不起眼的「非特點」與電池續航力持久的普通功能結合起來，現在你就可以找到一個新的目標客戶：野外求生者（survivalists）。如果你要銷售計算機，也許這個客戶角色並不適合你，那就思考看看同樣「缺乏」這項特點可以使哪個理想客戶角色受惠。

見識集思廣益可以辦到什麼了吧？即使是討厭行銷的人、不相信能找到獨特行銷方式的人，也可以想出值得追求的點子。

找出你「最○○的」

你已經知道，著重於超越對手的話結果會如何──空忙一場。事實就是如此。再說一遍，這句話值得重申：比別人好，沒有更好；跟別人不同，才會更好。你的公司可能與競

爭對手的經營方式不同，比競爭對手更好，但僅有這種區別不夠。首先，你需要獲得關注。一旦獲得關注，你比業界其他人更好的所有理由都會連帶激起漣漪。

與眾不同的行銷方法的不同之處（又是這個詞）在於，它從獲得關注開始。你會發現很棒的書、制度和策略——包含我極力推薦的作品，例如唐納・米勒（Don Miller）的《跟誰行銷都成交》（*Building a StoryBrand*）、艾倫・迪博（Allan Dib）的《決戰同溫層》（*The 1-Page Marketing Plan*）、賽斯・高汀（Seth Godin）的《紫牛》（*Purple Cow*）以及約翰・揚奇（John Jantsch）的《膠帶行銷術》（*Duct Tape Marketing*）——如果你的生意採用這些作法，將能大大受惠。但本書不同。本書講的是如何把握最初的毫秒瞬間，幾毫秒內能不能贏得潛在客戶的目光。沒有人注目，再有吸引力的資訊也沒用。

現在，你腦海中可能有一股小聲音說：「是啊，但麥可，我們的東西比好還要更好，我們的產品實際上是最棒的。」聽著，我不想質疑你腦海中小聲音，你可能是最棒的！但是，成為最好並不能讓你得到所需的關注，進而如你所願開發潛在客戶。最好，有助於口耳相傳，但採取不一樣的行銷才能讓你主導潛在客戶流量。

除了「最好的」產品或服務之外，另一個「最〇〇的」

將能幫你引起注意。「最○○的」指的是業界沒有人可以主張的訊息或定位，也就是最高級的行銷術。

　　辣椒醬可以說是競爭激烈的市場。我在準備晚宴時採買幾瓶辣椒醬，總共找到了一百二十多種牌子，還不包含數不清的各種口味。總之，一次快速搜尋就找到五百多種辣椒醬。有 Torchbearer 辣椒醬、Angry Goat 辣椒醬、Bravado 辣椒醬、Puckerbutt 鬼椒辣醬、Tahiti Joe's 辣醬、Iguana 辣椒醬、Original Juan 牙買加風味辣醬、Ring of Fire 辣椒醬、Ghost Scream 尖叫辣椒醬、Crazy Jerry's 瘋狂傑瑞辣椒醬、Bone Suckin' Sauce 吮指醬、Lottie's 辣椒醬、Blind Betty's 辣椒醬、Ole Smoky 古薰辣椒醬、Stubb's 辣醬、Texas Pete 德州皮特辣醬及 Tabasco 辣椒醬。

　　除非你是辣椒醬的真正行家，否則可能只認識其中幾個牌子。Tabasco 辣椒醬大概是目前辣椒醬市場的主力，是當你不知道挑什麼牌子時的預設選項。要打敗它們，你必須以不同的方式來行銷。所有牌子都不一樣，很多選項都比 Tabasco 辣椒醬好，還有幾款絕對好吃，但除非你有一套「最○○的」行銷術，否則這些都不重要。Frank's 辣椒醬 RedHot 就是這麼做的。

　　雅各布・法蘭克（Jacob Frank）於 1918 年創立 RedHot，製造了一款溫和的辣椒醬。你也許不是吃這款辣椒醬長大

的，但你可能聽說過他們很有才的行銷活動。行銷得太成功，截至我撰寫本書的時候，Frank's 辣椒醬 RedHot 的廣告依然出現在電視和廣告上。該支廣告特色是「艾瑟爾」（Ethel）、一位「有話直說」的老年美食家。有人問艾瑟爾 Frank's 辣椒醬 RedHot 如何時，她回：「我吃什麼都會加上那個鬼東西。」想像一下你家奶奶這麼說的樣子。

老奶奶評論那個辣椒醬，跟她說吃什麼都要加上那個鬼東西，兩種是不一樣的感覺。慈祥和藹的聲音，講起話卻像卡車司機——這就是與眾不同。這是辣椒醬界最瘋狂的一件事。Frank's 辣椒醬 RedHot 抓住「最〇〇的」行銷術，讓我沒有購買預設選項 Tabasco 辣椒醬，而是買了 Frank's 辣椒醬 RedHot。它採用不同方式行銷，所以我注意到了。我買了這個「最〇〇的」。老實說，我並不是吃什麼都會加上那個鬼東西，但聽到艾瑟爾說我可以試試，於是我買了更多。

「最〇〇的」指的是某樣事物的最高級。你的行銷可以是最瘋狂、最古怪或最好玩，也可以是最真誠或最深刻，只要達到該類別的最高程度即可。極端的事物總是引人注目且令人難忘。

你大概能正確指出人生中最冷的時候。對我來說，最冷的時候是我在科尼島（Coney Island）參加傳說中的「北極熊跳水」冬泳活動。你可能回憶起人生中病得最厲害的時候、

想起你曾經得到的最大成就、渡過最棒的假期。這些都是獨一無二「最○○的」。但要你想起過去二十年有幾百次感到「相當冷」卻很困難，或者無數次的感冒流鼻水。「最○○的」才會獲得關注。「最○○的」才會被記住，那些「幾乎」、「差不多」或「相當」，都是白噪音，容易被遺忘。如果你想讓潛在客戶注意到你、記住你——和你所做的一切——那就可以採用最高級行銷術來實現。

你「最○○的」行銷術是什麼？這件事我不能告訴你，但肯定不是模仿你的競爭對手。這點必須由你自己來決定。好消息是，找到你「最○○的」其實很簡單。以下教你如何開始。

只要在網路上搜尋「最○○的」，就會得到眾多形容詞的結果，連最挑剔的語言大師也會心滿意足。下方是我喜歡的幾個形容詞，每個英文字母對應一個。但事情是這樣的：瀏覽下方清單時，順便問問自己，哪個詞最能描述你本來就有、渾然天成的特質。如果你是行銷部門的人員，哪一個最能代表你公司的價值觀？Frank's 辣椒醬 RedHot 是最理直氣壯的擴充版；薩凡納香蕉隊是世界上最逗趣棒球隊的擴充版。你最○○的就是你最極致的特色。

- 最荒誕的（Absurdest）
- 最結實的（Brawniest）

- 最厚臉皮的（Cheekiest）
- 最致命的（Deadliest）
- 最前衛的（Edgiest）
- 最骯髒的（Filthiest）
- 最黏的（Gooiest）
- 最霍奇的（Hokiest。我一定要列出這個詞。加油，霍奇隊！非美式足球迷也可以使用「最火熱的」〔hottest〕。維吉尼亞大學粉絲可以選擇「最傲慢的」〔haughtiest〕。哎喲。）
- 最冰冷的（Iciest）
- 品質最差的（Junkiest）
- 最和藹的（Kindest）
- 最漏洞百出的（Leakiest）
- 最多嘴的（Mouthiest）
- 最調皮的（Naughtiest）
- 最奇特的（Oddest）
- 最神氣的（Perkiest）
- 最噁心的（Queasiest）
- 最寬敞的（Roomiest）
- 最愚蠢的（Silliest）
- 膚色最深的（Tannest）

- 最倒霉的（Unluckiest）
- 最龐大的（Vastest）
- 最茂密的（Woodiest）
- 最 Xeric[11] 的（我也不知道是什麼意思，但我那位環保主義的兒子泰勒某次健行時說過，所以一定要有這個。）
- 最美味的（Yummiest）
- 最古怪的（Zaniest）

哪一個或哪一些最高級的形容詞，可以成為你獨一無二的行銷角度呢？在不改變你所做的事情的情況下，你會怎麼使用這個「最○○的」來形容它的優點？根據在第二章尾聲所執行的「你的不同之處」練習，建立自己「最○○的」清單。你「最○○的」清單（快速說個十遍）就在那裡。和你的團隊分享你的清單，哪個「最○○的」形容詞能描述公司的不同之處？哪個「最○○的」形容詞能進一步說明公司的現狀？釐清之後，哪種媒介（例如電子郵件宣傳、實體信、電話、貿易展覽、紋身）可以展示這種特質？如何提煉你傳遞的訊息，以確定理想的潛在客戶會注意到你們「最○○的」部分？

---

11. 譯注：Xeric 是美國手錶品牌，品牌理念講求環境永續。

混合起來

對於與眾不同的實踐家，你通常想……<u>等等！</u>

等一下。

在我繼續往下講之前，我想讓你明白我們剛才經歷的重要時刻。我和你需要單獨聊聊！你意識到，你現在正式成為一個與眾不同的實踐家了嗎？這件事很重要，確認一下：DAD 指的是什麼？沒錯！「差異化」（回答「差異」也可以接受）、「吸引力」和「指示」。答得好。還有一個測試：每次行銷前你都要問什麼問題？「有通過 DAD 行銷架構嗎？」答對！託 DAD 行銷架構的福，你絕對不會再用以前的方式看待行銷。哈！另外，我新的行銷靈魂伴侶，你已經知道所有圈內笑話。是的，我們現在算是靈魂伴侶了。

好，聊夠了，我們回到工作上吧。

身為與眾不同的實踐家，你通常會想研究業界目前的行銷方式，這樣就可以避免同樣無關緊要的噪音。使用混合技巧的話，你應該研究業界以外的人，用他們的方法行銷（至少在某程度上）。某些其他社群發生過的情形，對你的社群來說可能是不一樣的新鮮事，所以學習行銷時，務必——我說ㄨㄟˋㄅㄧˋ——<u>務必</u>研究你所在市場以外的其他人怎麼行銷。三人行必有我師焉。在行銷方面，要確保你不會與競

爭對手步調一致的最好辦法，就是與完全不同的行業步調一致——這就是最好的 R&D 模式。你懂的，抄襲（Rip Off）與複製（Duplicate）。

我夠老，所以記得銀行從什麼時候開始增設免下車窗口。你覺得他們是怎麼得到這個點子的？靈感來自速食店。現在，服務內容雖然改變，但你仍可將相同的混合技巧運用到實際的行銷上。例如，麥當勞把玩具當成強效的行銷工具，孩子央求爸媽帶他們去麥當勞只是為了便宜的塑膠玩具。美國商業銀行（Commerce Bank）創辦人維儂‧希爾（Vernon Hill）也採用類似的行銷技巧。希爾注意到狗狗（不是孩子）經常坐在副駕駛座，便安排他的團隊人員發放狗糧給前往免下車窗口的顧客。現在不是孩子纏著父母帶他們去麥當勞，而是每次行經一家商業銀行，受制約訓練的狗狗就會狂吠、流口水。後來 2008 年，希爾以八十五億美元的價格將自己的銀行賣給多倫多道明銀行（TD Bank）。

讓我們將混合行銷技巧應用在你的生意上，把八十五億放進你的口袋吧！假設，你是一家吸塵器製造廠商。吸塵器大多透過電視行銷——在長達半小時的電視購物廣告中，兩名演員用吸塵器清理各種奇怪的物品，這些東西可能永遠都不會出現在你家地板，除非你住在電視購物頻道攝影棚的密室。我的意思是，誰會沒事把乾米散落在地上，然後潑上紅

酒、撒上泥土，上面再放顆櫻桃？那個叫 ShamWow[12] 的傢伙，就是他！

現在你已經知道，你不會試圖製作另一支更好的電視購物廣告，來展示你家吸塵器如何吸走更奇怪的東西。不會。你會與眾不同的。所以，你可以從觀察不同產業的其他公司怎麼推銷自家產品來獲得靈感。

我們來看看藥廠。我們都聽過廣告結尾的一長串致命的副作用，畫面上可能有人跑過一片雛菊花田——你知道我在說什麼：一名年輕女子在草地旋轉，把她的孩子拋到空中，同時旁白傳來：「可能造成突如其來的心臟病發作。可能讓內臟變成熱騰騰的燉肉。但是，嘿，你再也不會有乾眼症了。」學習他們的創意，你可以模仿這些廣告，想出使用吸塵器的搞笑「副作用」。可能會導致你的岳母／婆婆想擁抱你；可能會激勵你的孩子幫忙家務；可能會意外發現你丈夫情婦留下的耳環。看到沒？有趣，現在這支廣告會引起注意。

另一種很棒的混合技巧叫做角色代換（Profession Pick）。它是「解決卡關」建議之一的擴充版。思考以下類型的人物會怎麼行銷：

- 你的媽媽、祖母／外祖母、或婆婆／岳母
- 宗教領袖
- 空服員

---

12. 譯注：指知名購物專家 Vince Shlomi，因為推銷德國品牌 ShamWow 超吸水抹布而出名。

- 泰山（別忘記，他懂的單字不多，但依然非常「有
  魅力」……尤其當他脫掉衣服的時候——我太太是
  這樣說的。）
- 綜合格鬥家
- 救生員
- 飛行員
- 調酒師
- 農夫
- 電視主持人
- 舞孃
- 圖書館員
- 小丑
- 極為罕見的「跳艷舞的圖書館員兼小丑」

混合技巧可以解鎖大腦中你甚至都不知道的部分。找一組人一起腦力激盪一下，看看你能想出什麼——但跳過艷舞圖書館員小丑的部分，因為太奇怪了。如果你不覺得怪的話，那我想你剛剛已經找到你「最○○的」了。你是「最奇怪的」。

改變你的標籤

如果我跟你說，我是律師，我可以立刻閉上鳥嘴，什麼

都不必解釋。因為你知道律師是幹什麼的——這就是常見的標籤,讓人快速且有效明白意思。但問題是,這個標籤會在你的客戶腦中形成一個即時影像,浮現普通、標準的印象。律師就是律師。常見的噪音。所以只要你說出你的職稱標籤,等於馬上把自己擺到邊緣商品的區域。除非你改變標籤,否則在潛在客戶心中你還是一樣不引人注意。卡車司機就是卡車司機,庭園設計師就是庭園設計師,私人教練就是私人教練,會計就是會計——除非沒有這些標籤。

馬汀‧彼賽特(Martin Bissett)是螺旋向上合資公司(Upward Spiral Partnership)的創始人,該公司是專門幫助會計專業人士獲得更多客戶的顧問公司。雖然他本身是會計師,但他沒有使用這個標籤,而是使用「知識合作夥伴」(Knowledge Partner)一詞。如此一來,他既不是與其他會計師競爭,也不是與他業界廣受歡迎的「值得信賴的顧問」競爭。現在他一枝獨秀,成為業界唯一的知識合作夥伴(簡稱 KP)。使用不同的標籤可以讓你以最快且最自由的方式從其他競爭對手當中脫穎而出。不需要太極端或誇張的標籤,只要與大多數人有很大的區別。

可以使用什麼標籤來與業界常見標籤作區別?給你幾句忠告:崇高的頭銜會失敗,因為太多人使用了。什麼「社交媒體女王」、「會計界沙皇」或「世界最棒的漢堡」都是被

用到爛掉的標籤。別用這些常見的。想個新標籤,與眾不同的。

找出矛盾與漏洞

「矛盾與漏洞」也是簡單的技巧,可以發想出最不一樣的行銷點子。首先,列出你所提供的和業界的標準作法,你可以從「平凡與不顯眼」的練習中找出關鍵要點。關於如何行銷、如何發表產品以及如何談論生意方面,業界的標準作法是什麼?然後,思考業界的規則是什麼?每個人一定會做(或不會做)哪些事?哪種事是<u>絕對</u>不允許的?預期什麼?既定規則是什麼?

接著,看看你清單上面的每一條標準作法,想看看每一條規則的矛盾與漏洞。矛盾的部分適合你與眾不同的行銷風格嗎?鑽漏洞可以讓你受到矚目嗎?

我自己也常使用這些技巧,效果很好。我注意到在亞馬遜網站,要讓我的書籍並列在一些當代的書籍旁邊極其困難。比方說,你在尋找麥爾坎‧葛拉威爾(Malcolm Gladwell)的《異數》(*Outliers*)時,要看到亞馬遜演算法把我的書列為推薦讀物的情況非常罕見。但我發現一個漏洞。

亞馬遜的頁面上，作者簡介欄位附近有一個叫「該產品影片」的欄位。每年都有幾百萬雙眼球查看這本書，其中有些人會往下拉，瀏覽更多內容。藉由上傳我對麥爾坎・葛拉威爾著作的真實評論影片，我可以贏得他的讀者大約六十秒的注意力。而且你知道的，我在辦公室裡驕傲的把我的書秀在書架上，觀眾看到我身後書籍的獨特擺設（差異化），同時得到他們想要的內容（吸引力），然後因為好奇心驅使而去查詢其他書籍（指示）。

重點來了：我剛剛和你、以及所有讀過本書的人，分享了我的與眾不同策略之一。我的「風險」是你和其他在亞馬遜網站賣東西的讀者複製這個過程，可能會稀釋我這支影片的宣傳效力。但你知道嗎？沒關係的，這就是競賽。所有影片都會相互抵消，然後成為白噪音。在這種情況發生以前，我會繼續在亞馬遜網站執行我這與眾不同的影片行銷策略。等到情況真的發生，我會使用我在「與眾不同實驗」中找到的其他策略。

像記者一樣思考

傑西・柯爾和他的團隊用來發想點子的主要策略之一，是像記者一樣思考。「我們檢查點子的時候，首先會問自己

一個問題，『這個有新聞價值嗎？這個本身就有故事性嗎？』如果答案是肯定的，我們就來試。」

本章開頭分享的案例就是最佳範例——薩凡納香蕉隊的命名過程。這個點子非常特別、非常具有話題性，足以引起主流媒體和社群媒體的關注（更多內容見第五章）。重要的是，這個點子吸引到對的人，而且內建一個指令：勾起你的好奇心，去薩凡納香蕉網站瞧瞧是怎麼一回事，並告訴周遭友人這支棒球隊有個奇特的名字。

傑西在命名策略後，又迅速想出另一個具有新聞價值的點子：香蕉隊在當地一所小學宣布它們的球隊吉祥物是——史普利。他們知道當地媒體會在賽前誓師大會上現身，幾百位孩童為一名穿香蕉裝的男子瘋狂不已，這是很好的電視宣傳效果。傑西在這方面很有一套，多年來成功引起全世界媒體的注意。香蕉隊是美國運動頻道 ESPN 史上小聯盟棒球隊或全明星棒球隊亮相最多次的球隊，這樣的關注帶來立即可見的直接投資報酬率。例如，美國總統歐巴馬（Barack Obama）的第二任期即將結束時，薩凡納香蕉隊公開宣布要提供他實習的機會。由於這項消息引起媒體的關注，球隊那天賣出的商品數量衝到當月最高——那時適逢休賽期。

當你在絞盡腦汁檢視自己的點子清單時，也請像記者一樣思考。什麼想法會引起媒體注意？一個很棒、獨一無二的

故事？有意想不到的視覺體驗？有意想不到的結局？任何吸引媒體注意的方法，都有助於讓理想的潛在客戶注意，即使媒體沒有採納。

請說「對，而且」

你看過電視節目《天外飛來一句》（*Whose Line Is It Anyway?*）嗎？這是一個搞笑節目，經過即興表演訓練的演員來賓，接下主持人或觀眾的指示，現場編排劇情，有時還要編排歌曲。即興劇是一種沒有劇本的現場表演形式，大部分表演都是自己發想與合作設計出來的。我最喜歡的環節是表演者拿到一件物品，例如乾草叉或沙灘球，然後他們必須快速輪流想出這件物品可以變成其他什麼東西，比如泳池泡棉玩具可以變成電話、火箭筒、鬍子。只要問自己：「它可以變成什麼？」他們就可以對普通的東西做出不同的解釋。

遊戲看似非常簡單，但如果演員質疑自己或其他演員的想法，他們就可能搞砸。你看，即興表演的關鍵在於願意接下別人交給你的東西，並且開始表演，接受以此為基礎發展——這就是即興劇的原則，也稱作「對，而且……」。這項原則讓不同想法持續源源不斷，也是為什麼觀看（和從事）即興劇會如此有趣。假設某個演員說「對，但是……」，那

就會打斷即興劇的流暢性，破壞劇情。一旦你質疑自己或其他人，一切就結束了。就像打結的水管，讓你穩定的水流慢到變成不盡人意的涓涓細流。

我太太克莉絲塔和我在紐澤西戲劇藝術學院（New Jersey School of Dramatic Arts）上了一門即興表演課。看到她完美表演吸血鬼德古拉朗讀《小瑪菲特小姐》（*Little Miss Muffet*）給一群幼稚園小朋友之後，我們的老師鮑勃‧薩普夫隨即丟了一個場景給我。

「你現在是一隻螞蟻，帶著狗在樹林裡散步。開始吧！」

螞蟻？一隻詭異的螞蟻？我以為至少是<u>類似</u>人類的玩意兒。大概是殭屍，或者巨人之類的。反正不是有個大屁股的六條腿昆蟲。

我沒有遵循即興劇的黃金原則「對，而且……」，而是說了「呃，但是……」。我不想在地板爬來爬去，假裝被一隻狗拖著穿過叢林，所以我把我的螞蟻變大了。我重新將螞蟻設定成我想像中的樣子，否定原先的設定。我沒有配合即興劇的流暢性。

薩普夫老師一發現我的螞蟻差不多跟我阿姨一樣大的時候（看看我幹了什麼？），馬上說：「別這樣，千萬別這麼做。」

但我還是這麼做了，即使是偉大的薩普夫也救不了我。

把螞蟻變大沒有用，那隻狗在我這隻巨大螞蟻身上撒尿更是最後的錯誤。我創造了一隻字面上的「小號」螞蟻。真可悲。

幾秒鐘以後，即興表演結束，我羞愧的坐在椅子上，因為我毀了這個機會——而且我太太接下來可以一直炫耀她表演德古拉講瑪菲特小姐故事。

這個「對，而且……」法則要求你以現有的基礎發展。如果我和螞蟻一起遛狗，也會讓螞蟻出現拿破崙情結[13]。也許還把他的狗想像成大丹犬（Great Dane），然後上演這一幕——死命的抓著狗鍊，邊喊著指令：「對、對、對。可以、應該、會的。」

當你絞盡腦汁想出不同的行銷點子時，記得保持開放的心態。不要用你自己的版本「呃，但是……」或「那樣行不通，因為……」或「我們已經試過了」來否定一個想法。你想要適應和遵從別人期望的人類本能會超越你，然後在你意識到以前已經潛移默化。考慮各種可能性，不要判斷或修改。製作透明的廣告牌、利用氣味行銷來推廣你的專業服務、讓加油站店員穿上傳統服飾提供相應的服務——就像被大狗拖著、在風中甩來甩去的小螞蟻，看看結果會帶你到哪裡。居高臨下望出去的景色也許會令人驚豔。

---

13. 編按：Napoleon complex 是一種自卑情結。身形較矮小的人，易在與他人比較後產生壓力，並且感到自卑。

保留與眾不同的空間與時間

在我們位於紐澤西布恩鎮（Boonton）辦公室裡的房間，你會注意到有一個寫著「THE MAD LAB」（瘋狂實驗室）的標示。這裡是讓我的事業實現與眾不同的起點。它是靈感、想法及挑戰現狀的源頭。

為了營造氣氛，我們在房間角落放了一個身穿實驗袍的人型模特兒，命名很貼切，叫做「艾比・諾曼」（Abby Normal）[14]。另外，備有其他實驗袍給進來的人穿上。既然穿上特定服裝就會表現得不一樣，那為什麼不穿呢？房間裡面有一面白板牆，一面掛有巨大軟木板的牆，另一面牆則已經貼滿無數張隨意單詞的便條紙，最後一面牆是系統收納架，用來搜集和存放來自其他公司、品牌、任何人的想法。房間中央擺了張桌子，我們在那裡圍繞著一盞熔岩燈，討論各式各樣的想法。地毯是扭曲的線條樣式，迪斯可舞廳球高掛在天花板。蛋頭先生太太隨意擺放在房間各處，擺成各種姿勢，就像架子上的限制級精靈。

無論你有多少空間，不管你是在家裡、小隔間、車子裡、溫馨的辦公室，還是巨大的倉庫裡工作，設計出自己的瘋狂實驗室，為有創意、天馬行空的想法騰出空間，讓它們憑空出現、成長並茁壯。即使是裝著彩色筆、筆記本和奇怪療癒

---

14. 向製作出史上最有趣的一部電影《新科學怪人》（*Young Frankenstein*）的梅爾・布魯斯（Mel Brooks）與其團隊致敬。

小物的盒子，也會提醒你替不一樣的事物保留空間和時間。
把這個盒子看成你的與眾不同實驗工具箱。

忠於真實的自己

我擁有一種並非每個人都欣賞的傻氣幽默感。我喜歡玩雙關語、廁所幽默、古怪的笑哏（＃明知故問隊長）。我有些笑話很冷（＃唉呦）。不可否認，有些真的爛透了（＃唉呦唉呦）。我明白，要面對不同的人講不同的笑話。如果你的朋友認為某件事情很有趣，你卻不以為然，那並不是什麼大事。不過，身為一名作家，我獨特的幽默感會影響讀者對我的觀感。雖然，我的大部分讀者會喜歡這種幽默。有時候，我的幽默會讓那些「人生苦短沒時間嬉鬧」的讀者感到厭煩，但他們會堅持下去，因為他們需要這些幫忙挽救或發展他們事業的內容。有很多次，我被指責在撰寫關於盈利能力、系統化、有機成長等方面不夠「認真」。其實我的風格很少激怒讀者。我是說，**真的真的**很不喜歡的那種。但即使是少數人，還是讓我很難過。

與地球上的每個人一樣，我也在害怕被拒絕的恐懼中掙扎。做自己，做到什麼程度叫做太超過？我讀過的每本商業書籍幾乎都非常嚴肅，而且坦白說，即使內容很有見解，但

（對我來說）可能是哈欠連連的饗宴。我的內心吶喊，應該要讓閱讀變得有趣，但我可能會因為恐懼而不敢全力以赴、不敢放膽做自己，擔心我的讀者會離我遠去。

這種對於「太麥克」風險的恐懼，是我去一位非常受歡迎的作家家裡聚會時所浮現的。雖然他的作品很主流，他的核心族群是擁有特定信仰的特定群眾。那是一場非常棒的聚會，該作家的友善與親切讓我震驚。

我們一小群人喝著陳年威士忌、抽著上等雪茄，準備結束這個夜晚──連我們的雪茄之友蓋比・皮尼亞都會被感動。接著，我們要在散會前合照一張，那位作家卻說：「等一下，我得把威士忌藏好，我的讀者群不喜歡。」

「哇！」我心想：「這傢伙書賣得非常好。也許我該重新考慮怎麼包裝自己；也許設計一套假的形象會有效；也許與眾不同指的是不同於真實的自己。」

是，這個想法大概停留了兩秒鐘，然後我搖搖頭。我很生氣──我氣的是自己居然開始認真考慮這個想法。這位作家從過去到現在仍繼續賣出大量書籍，以一種不符合真實自我的方式行銷自己。如果要進去大聯盟，就必須偽裝自己，這點對我來說行不通。聽著，我並不是要批判這位作家，但我會因為自己戴上假面具而批判自己。我就是我。所謂以不同方式行銷的機會，就是做更真實的自己。

表面上，你可以偽裝，而且很成功，但如此一來你就得一直過著兩種生活，對你服務的人隱藏自己的一面。這種脫節的情況將永遠存在。

我分享這則威士忌小故事，是因為我想讓你們看到，有時候我也會怕和大家不一樣。當然，我想讓世界刮目相看。沒有人願意因為做了別人不認可的事情而受批評，但我不能忍受別人對我的批評只是因為我表現得與別人不同。真實性的風險是值得的；不僅如此，真實性也是必要的，欺騙你社群的風險更高。如果他們發現，你就得上電視，像電視佈道家哭著道歉，啜泣說：「我是個罪人。我是個罪人。」或者更糟的是，你僥倖逃過一劫，然後慢慢失去自己的靈魂。

撰寫本書之際，我收到一封來自 Tough Apparel 男士服裝店的老闆史凱拉 · 班納特的電子郵件，他讀過我的一本書。在郵件第二行，他寫：「我不確定這輩子有沒有看過任何一本書，能夠在前三十頁裡笑得那麼厲害又哭得那麼激烈。」哇，很好。我收到了。傻憨憨的米卡洛維茲式笑哏萬歲！

做與眾不同的事，堅持到底。做自己，為什麼還要說抱歉？需要你的人永遠都會感謝你。不需要你的人呢？他們也會慶幸沒有信錯對象。

鄂納斯汀娜 ‧ 沛雷斯（Ernestina Perez）需要十五位新客戶來達成她的收益目標，但她不知道怎麼得到客戶。更準確來說，她對於如何開發客戶毫無新意。

　她是芝加哥一位心理治療師，2019 年 5 月開設自己的診所 Artfulness 心理諮詢所（Artfulness Counselling）。當時她還在不同診所全職看診，週末才與私人客戶見面。

　七月，她找來第一位員工──另一名心理治療師。為了維持客戶流量穩定，她仰賴 Zocdoc 線上預約醫療服務平台來開發潛在客戶，每位治療師每年收取三千美元。

　「我們發現，大部分客戶會找我們，是因為我們是拉丁裔。」鄂納斯汀娜在接受本書採訪時告訴我：「我們會講西班牙話、了解拉丁文化，所以他們可以從我們這邊找到認同。」

　2020 年春天，鄂納斯汀娜將她的診所名稱改成拉丁人談話治療（Latinx Talk Therapy）。她希望能對自己社群產生更大的影響力，這表示她想擴大經營規模：增加十五位新客，能讓她和她的員工擁有充足的個案量和足夠的現金流來聘請下一名員工。

　她的理想客戶是從小在美國出生、或者很小的時候移民

美國，所以接受美國文化的拉丁裔。大多數人家裡會講西班牙話，而且是家中接受心理治療的第一人。

「我不知道怎麼招攬拉丁裔客戶。我只是很幸運的，他們偶然間發現我。」她說：「所以我們無法透過《今日心理學》（*Psychology Today*）雜誌或 Zocdoc 服務平台的付費廣告得到客源。我納悶，『我去哪裡找到那麼多推薦者？』我還沒見過有哪家專門服務特定族群的私人診所，我無法按照適用於其他小眾群體的系統。如果不知道怎麼做，我該怎麼成長？」

那年春天，在我舉辦的一次與眾不同會議上鄂納斯汀娜加入了創業家小組。她自願成為「挖掘點子」練習的實驗白老鼠。她向小組成員說明自己的目標客群，然後關掉 Zoom 鏡頭、麥克風靜音，並在小組其他創業家分享各種以不同方式行銷她業務的想法時瘋狂做筆記，從而激發她自己的點子。二十分鐘後，她馬上有了四十種新的行銷策略。

她與我分享她的清單時，我要她嘗試用與眾不同實驗來測試其中一個策略。我建議她從影片開始，因為①心理事治療師錄製影片不常見；②製作影片不需要太花錢；③也不需要花太多時間。對於鄂納斯汀娜和你來說，關鍵是立即著手建立不一樣的行銷力。採取與眾不同的行銷，從小的、低成本、不會花太多功夫的方式開始。你將面臨的最大阻礙是

有沒有「勇氣」做與眾不同的事。目標是以低成本和低投入來進行測試，證明這項策略有效（或無效）。

「我和姊姊討論過製作不一樣的影片。」鄂納斯汀娜告訴我：「她看過一個叫做《到美國結婚去》（90 Day Fiancé）的有線電視節目，她說『不然妳給節目上那些情侶一點建議，怎麼樣？』」

鄂納斯汀娜從未看過這個節目，等她看過以後，馬上明白它的潛力。其中一集，一位美國男子與一位哥倫比亞女子因為文化差異起了爭執；一分鐘後，現場衝突發生了，女子把一杯水潑到男子臉上。

「當我看到時，其實我能理解哥倫比亞女子的想法。她的未婚夫有大男人主義。」鄂納斯汀娜說：「我姊姊問，他們怎麼樣才能把一段有問題的感情變成健康關係，我回答，『喔，我辦得到！』」

她錄下一段自己觀看這對情侶爭吵的影片，並分享如何處理這些問題會更好的見解「心理治療師怎麼看——到美國結婚去的珍妮佛與提摩西」（Therapist Reacts — 90 Day Fiancé Jennifer and Tim）。我跟你說，那段影片太滑稽了。當那名女子朝男友臉上潑水，鄂納斯汀娜還努力維持專業禮貌態度的樣子很有意思。她後來在 Instagram 發布這段影片。

「我不知道這段影片會怎麼轉換為治療。心理治療師應

該保有專業、當個沉默的聽眾，但拍影片需要我做我自己。而且我擔心有些觀看影片的人會因為我評論實境秀節目而感到失望。」她說明：「但果然！大家看到我了，他們意識到情緒失控時需要有人幫助，所以打電話來預約。」

她的《到美國結婚去》評論影片在一週內獲得將近二千五百次的瀏覽量；她解釋個人服務的制式商業影片自一年多前發布以來，只有不到六百次的瀏覽量。她原本預計製作更多部「心理治療師怎麼看」的影片，但後來中斷，因為她製作一部影片就超過自己的目標，而且還只是一段測試影片。她的診所收到三十一封觀看影片後前來諮詢的訊息，二十三位新客戶預約——比原本需要的多了八位。

根據美國勞工部勞動統計局（Bureau of Labor Statistics），目前美國心理健康從業人員超過五十五萬兩千人。鄂納斯汀娜是五十萬分之一，以傳統數學來看，她成功的機率很低。選擇四個隨機號碼彩券的人中獎機率更高。

然而，鄂納斯汀娜在執行與眾不同實驗的一週內，就實現她自創業以來一直努力的成長目標。她的工作團隊擴大、客戶名冊增加、她的品牌知名度也打響，現在更計畫發展聯合醫療團隊來落實她的使命。她服務的社群需要她，他們現在看到她了。她承擔了用不同方式行銷的責任，所以才能提供與眾不同的服務。而且，她不需要徹底改變她的業務、或

在行銷方面投入一大筆錢。她透過嘗試一種與眾不同的行銷方式就成功了。

你也必須完全掌控自己的潛在客戶。正如你已經知道的，口碑宣傳很好，沒錯，但你無法控制它；你只能依賴客戶，等待他們說你好話。這種方式不能調節客源，只是雜亂無章。像鄂納斯汀娜之前那樣花錢開發潛在客戶，讓你出現在一小群人面前，他們周圍又有一大批競爭者正在招攬，即使有效，市場也變得非常飽和，而且投入的資金非常、非常昂貴。此外，在付費廣告方面，你還得受到該網站的演算法、模板和規則等限制。付費廣告是沒有區別性的罰款，缺乏穩定的潛在客群則是對你的監禁判決。

為什麼鄂納斯汀娜使用免費管道，優於她所採用經驗證有效、昂貴的潛在客戶開發服務？拍影片之所以會成功，是因為它在那個市場上夠特別。因為擁有足夠的區別性，立即吸引到她目標客群的關注，擁有足夠的關聯性，得以指示客群參與互動，加上擁有足夠的吸引力，讓他們採取行動聯絡她——這就是與眾不同的力量，只要在目標客群看到的領域中展現出區別即可。沒錯，外界有幾百萬支影片，講述各式各樣的內容。但對於尋找心理治療師的拉丁裔族群而言，看到鄂納斯汀娜這類影片很特別，這樣就成功了。

為什麼只花了五百美元製作貼紙，Reddit 的行銷活動就

能成功？人們把該公司的微笑外星人標誌貼在筆電，並在社群媒體發布照片。在當時，貼紙行銷與他們預期社群喜歡的方式完全不同。現在的筆電上面都貼滿貼紙，就讓人看不出來誰是誰了。Reddit是第一家讓客戶使用貼紙幫筆電「塗鴉」的網站。這種方式與眾不同，所以成功了。

為什麼碧昂絲（Beyoncé）2013年的同名專輯，讓她獲得iTunes史上最暢銷專輯的金氏世界紀錄？因為她在**沒有任何事先宣傳的情況下**推出這張專輯。她以截然不同的方式發行唱片，因為跳脫規範，反而**變成**她的宣傳。

你不必成為Reddit或碧昂絲才能與眾不同。透過做不一樣的事，你也可以成為下一個Reddit或碧昂絲。你不必超級特別、擁有超凡創造力或極為聰明；你不必天生擅長腦力激盪想出點子；你不必在商場上的經驗特別豐富。事實上，如果你認為自己對於行銷一無所知，你已經比那些自認為擁有行銷優勢的人領先一步。還記得那片灰色西裝人海，每個人都在找尋靈魂伴侶的例子嗎？當他們都認為自己對行銷特別了解，其實他們真正知道的只是如何像其他人一樣行銷。

做不一樣的事，並非專屬於那些少數天生具有無窮絕妙點子的創新人才，你也可以學習如何做不一樣的事。過程很簡單。你這麼努力去研發、創造、推出的超酷事物——你可以讓潛在客戶注意到。雖然執行與眾不同實驗可能讓人感到

有風險，但真正唯一的風險是什麼都不做。

　　鄂納斯汀娜製作她的影片時也非常緊張，「那時候我還在適應怎麼在大眾面前演講。」她告訴我：「但我必須挑戰自己，因為我的社群需要我。我必須站出來。」

　　她在錄製影片時，覺得整個人好像快吐了。「我想，『要是我拍了這支影片，別人還是不把我的公司當一回事怎麼辦？』我的腦袋一片空白。」但她後來意識到，最大的風險不是被當成笑話，而是沒有人看見。

　　因為她站出來了，因為她「抓住機會」並提出她自己的「詮釋」，鄂納斯汀娜對於「與眾不同」的信心程度提升——她的機會也隨之增加。自從她上傳那支影片（提醒你，這只是一支影片——不怎樣的影片）後，就有幾個組織聯繫她，希望她來演講，包含芝加哥地區專業人士的交流團體HispanicPro。所以不令人意外的，她後來又拍了更多影片。

　　「現在我有想出其他點子的技能。」她說：「我知道策略。我知道做了與眾不同的事，我所服務的社群也很喜歡。我只需要不斷提醒自己，得到關注很管用，一定要再試一次。」

　　你覺得自己是新手嗎？你覺得行銷不是你的專長，或覺得自己真的對行銷不在行嗎？太好了，你已經準備好要來打破「常規」了。我們開始行動吧。

>>>> 輪到你了

又來到腦力激盪的階段。在這個階段，關鍵是對於各種可能性保持開放心態。當你閱讀本書的時候，請記住，你不必想出一個「主要」或「偉大」的想法。問問你自己，你能做些什麼簡單的改變，具有足夠的差異性又能引起注意，可以讓人在心裡說：「我以前從未見過。」就從這裡開始——從細小、簡單的不同開始。

1. 找出三種最具引人注目的行銷媒介來執行你的行銷。
   以下是你可以從中找到答案的部分清單：
   - 印刷
   - DM 傳單
   - 包裝
   - 戶外行銷
   - 廣播
   - 電話
   - 網路
   - 點擊付費廣告
   - 搜尋引擎行銷
   - 電子郵件

- 社群媒體

- 聯盟行銷

- 代言人

- 推薦人網絡

- 口碑行銷

- 貿易展覽

- 聯合經營行銷（JV promotion）

進階技巧：不要根據業界的「最佳作法」或因為「別人都這樣做」來選擇你的媒介。想看看你從哪裡看到與眾不同的機會。

2. 開始針對你選擇的媒介發想與眾不同的行銷點子。運用你在本章學到的技巧來幫助你起步。可以考慮使用不同的媒介來操作你的行銷，或利用集體腦力激盪挖掘巧思，找出產品中平凡和不起眼的部分。要找到你「最○○的」。將你的行銷點子與其他行業使用的行銷手法融合起來。改變標籤。找出矛盾與漏洞。像記者一樣思考，想出具有新聞價值的點子。

3. 檢視你所發想的點子，選擇你的最佳方案。你覺得哪個最具潛力，即使讓你覺得有點緊張？詳細說明這個

點子在哪方面與眾不同。潛在客戶將如何注意到你這種與眾不同的行銷？如何使用該媒介？把自己推出舒適圈，但保有真實的自己。

4. 最後，問自己，你的點子「有通過 DAD 行銷架構嗎？」只有經過實驗才能確定這個答案，但你必須儘量完善你的點子，以確保它不容忽視、安全、具有合理指示的機會。確定你的想法通過 DAD 行銷架構時，在每個 DAD 行銷要素上面打勾。

步驟三：實驗	媒介：＿＿＿＿＿＿＿＿＿ 你會使用什麼行銷平台？例如網站、電子郵件、DM 行銷、廣告牌等 點子：	這些作法有通過 DAD 行銷架構嗎？ □ 差異化 □ 吸引力 □ 指示

步驟三：實驗——與眾不同實驗的第三階段
提出不同行銷點子時評估是否符合 DAD 行銷架構

輪到我了

我在執行自己最新一期的與眾不同實驗時，已經決定好對象（讀者）、產品（《瞬間吸睛行銷力》一書）以及勝利（每位讀者購買一本）。我也已經確定，每位顧客的終身價值為二十八美元，所以為每位潛在客戶投資一美元是合理的。現在我需要抓住這個與眾不同的機會。

首先，我檢視我的點子。DM傳單行銷可以引起注意，但很難將投資金額控制在一美元以下；影片既便宜又簡單，但對於我這個類型的大多數作家，影片是常見的媒介。我注意到幾乎所有作者身後都有一個標準規格的書架，如果我做個完全不同的書架、跟別人不一樣的書架，然後把我的書放上去會怎樣呢？

只要有想法，我就加進我的與眾不同實驗表格中：

1. **媒介：**所有影片錄製和現場直播

2. **我的點子：**意想不到的書架

3. **差異化：**在建立實驗的這個階段，我把重點擺在差異化，並針對吸引和指示提出最有把握的推測。它達到

差異性，所以打勾。關鍵是「每個人」都有傳統的書架陳列──這是我必須避免的事。搜尋「獨特的書架」可以找到許多驚豔的設計。有一款書架外型看起來像美國領土，另一款則是大寫字母的「READ」（內建指示！），還有一款像三角鋼琴。這些都與眾不同，我認為可行。

換個不一樣的書架感覺不錯。現在必須與我的品牌保持一致，讓人在吸引力階段保持互動參與。[15]

---

15. 提醒你，我已經做了一支影片詳細介紹我的書架與眾不同實驗。到 https://gogetdifferent.com/ 可以免費觀看這支影片和其它免費資源。

第五章
用吸引力留住目光

我們被幾位用膠帶黏鏡框的怪咖打得屁滾尿流。

1996 年，我成立自己的第一家公司奧梅克系統電腦公司（Olmec Systems）。二十三歲時，我辭掉電腦工程師的工作，開了自己的公司——做為一名「電腦工程師」。剛開始沒有任何預算，就像我們的競爭對手之一極客軍團（Geek Squad）那樣；他們的創始人羅伯特・史蒂芬（Robert Stephens）比我早兩年成立自家公司，當時他只有兩百美元。（相當敬佩，老兄。那就是我欣賞的新創公司）。

為了讓自己看起來更專業，我穿上西裝赴約。西裝總是不合尺碼，墊肩過大。當時我連兩套西裝都買不起，更別說什麼時髦款式（墊肩更大）。但我覺得，自己看起來有模有樣——想像一個瘦皮猴套著寬鬆的稻草人襯衫，那就是我以前的樣子。有時候，我會穿上印有公司商標的棕色 POLO 衫。我為那個商標感到驕傲，因為我花了一千美元請人設計——你沒看錯，1996 年的一千美元，我想以今日幣值來看大概七十億吧，至少那時候感覺就是這麼多。一千塊是我創業資

金的一半，我以為這個商標會讓公司獲得認可，吸引更多潛在客戶——但這是第一個錯誤。第二個錯誤是，看起來跟地球上其他瘦長的電腦技術人員一樣。

極客軍團呢？他們赴約時都戴著中間黏膠帶的黑框眼鏡，這是全世界宅男最知名的「標誌」。但他們制服不只這樣，他們看起來像怪咖版的 FBI 特務：白色、短袖、無口袋的正式襯衫；黑色褲子（八分褲，高度足以秀出他們白到發亮的襪子）；黑色繫帶皮鞋；黑色領帶別上印有公司商標的胸針。他們甚至把商標放在鞋底，這樣在明尼蘇達寒冬的人行道上走路時，雪地就會留下「極客軍團」的腳印。簡直天才！完全與眾不同，很聰明。

更特別的是，他們不會稱自己是電腦技術人員、電腦工程師之類的。他們是雙面間諜、特務和反情報代表。極客軍團的創始人羅伯特・史蒂芬自稱是督察長；而我，自稱CEO，校長兼撞鐘。後來我才意識到，這個自嘲的說法和其他業主使用的一模一樣，極客軍團擁有完全不同的標籤，我卻試圖融入業界。這是第三個錯誤。

他們的品牌形象我過去看來只是噱頭。我以為他們是個笑話，而且這樣想的人不只有我。我們這個領域的所有競爭對手都在嘲笑極客軍團，他們該不會以為天天都是萬聖節化妝舞會？拜託，別鬧了。

然後，他們就打趴我們了。

事實上，他們把我們殲滅。也許就像電影《月光光心慌慌》（*Halloween*），他們是戴著蒼白面具的麥克，朝著我們揮舞大刀。

極客軍團一開始便主導了注意力遊戲。他們沒有比我們更有能力，也沒有比我們更擅長服務。硬要說的話，我們服務品質更好，但他們透過獨特的行銷方式擊敗我們和其他數百家電腦公司。極客軍團從騎著自行車去找客戶（真實故事）進化到開真正的汽車，把福斯金龜車（Volkswagen Beetles）漆成黑白色，車門印上標誌。與眾不同的汽車確保他們一直是鎮上的話題。由於他們的制服太具代表性，2000年明尼蘇達歷史協會（Minnesota Historical Society）還將它納入永久收藏，但你不會在紐澤西的某個博物館內找到我的稻草人襯衫或沾有咖啡漬的 POLO 衫。我敢肯定你連在二手商店都找不到。

極客軍團的行銷遊戲關鍵不只是讓人注意到他們，他們的行銷方式亦引起合適客戶的注意，並將最初意識轉化成持久的吸引力。持久的吸引力源自於看到利益，並在追求利益過程中感到安全。說穿了，只要潛在客戶覺得繼續關注你的消息是利大於弊，他們就會被你的行銷所吸引。極客軍團整個散發的《星際戰警》（*Dragnet/Men in Black*）氛圍給人灌

輸這樣的信心，讓他們想起**真正的** FBI。客人因為他們的制服立刻產生信任，又因為好奇持續關注他們。

當我們，也就是他們的競爭對手，嘲笑他們的愚蠢時，顧客卻湧向極客軍團。他們一身逗趣行頭讓極客變得酷炫，也讓他們顧客感到安心。儘管史帝芬開發了一套系統提供一貫良好的電腦服務——客人的利益——但他們甚至不必聲稱自己在電腦維修方面比一般人（或比我）好。他們選擇了與眾不同，比別人更好並不重要。

2002 年，羅伯特 ‧ 史蒂芬在公司成立八年後，以三百萬美元的價格、外加未來豐厚的利潤分紅，將極客軍團賣給另一家總部位於明尼蘇達州的公司百思買（Best Buy）。他繼續留在公司，幫助公司發展到年收入超過十億美元。最後，我在一筆私募股權交易中以幾十萬美元賣掉我的第一間電腦公司。當然，我得到還不錯的額外獎賞，但史蒂芬大獲全勝。我再怎麼強調也不為過：與眾不同的勝利。

到目前為止，我希望你已經有了一份可以嘗試的獨特行銷點子清單。但請記住，一個保證讓你受到注目的新行銷策略，容易讓人興奮，然後忽略了 DAD 行銷架構的下一步：吸引力。

我們需要確保你的與眾不同行銷策略可以吸引到你理想的客戶角色、最想合作的潛在客戶、希望得到你最想銷售的

服務或產品的對象。當你讀到這一章，把你的差異化點子清
單拿在手邊，然後問自己：「我的與眾不同行銷方法會讓我
理想的客戶角色感到安心嗎？」以及「我採用的獨特方法是
否清楚向他們展示機會？」

你會使用哪些吸引力的影響因子？

DAD 行銷架構中「吸引力」的階段，目的在抓住你潛
在客戶的目光。你必須不斷征服他們的心，一次又一次；一
旦他們覺得你無趣，你就玩完了。所以，為了維持他們的參
與度，讓他們建立足夠的安心感來採取下一步行動，你必須
考量哪些吸引力影響因素會起作用。

在幾十本關於潛在客戶吸引力概念的書籍中提到很多技
巧。戴爾‧卡內基（Dale Carnegie）的《人性的弱點》（*How
to Win Friends & Influence People*）是我第一次接觸這個主題
的入門書，從那以後，我找到並閱讀了至少五十本以上這類
型的書籍。經過濃縮整理後，我挑出這些吸引力影響因子中
最重要且最有效的部分，幫助你思考自己的行銷策略。

1. 權威——這是指我們認定某個人物或品牌為該領域的領
   袖，因而對他們抱持高度信任的時候。我們的預設看法

是，他們比我們擁有更多的知識、專業技術、才能或影響力，所以相信他們在各自領域的見解主張都優於我們。重視這點的人喜歡與權威人士「來往」，向他們學習，並增加自己的社會意義。舉例來說，醫生在廣告中推銷新藥，其銷售成果可能會比賽車手更好。讓人感覺具備相關專業的權威人士更有影響力。賽車手則是輪胎相關產品的銷售成果會比醫生好。

2. 可靠的來源——這是指我們已經有信心並願意追隨的人物或品牌。他們不一定具有權威地位，但我們有與他們接觸的經驗。我們熟悉一個值得信賴的來源，可以預測與他們的經驗將如何發展。舉例來說，如果你媽媽照顧過你，她告訴你喝雞湯有助於感冒康復，會比我叫你喝雞湯來得有用，除非我曾經幫助你恢復健康。此外，如果她曾煮湯給你喝，而且你很喜歡，那你很可能不會選擇其他人的食譜，而會選擇她的。

3. 重複性——我們聽到一個訊息反覆出現越多次，它就越具吸引力。如果我們在腦中重複這個訊息，會開始覺得好像是我們想出來的。當我們注意到別人表達或行銷時重複同樣的訊息，就會受到吸引。「晚到總比沒到好」

這句話你聽過多少遍？可能很多次，洗腦到你相信並認為這句話是真的。但晚到真的比不到好嗎？有時候也許是，但不是**大多數**情況。開會晚到總比不到好嗎？當然；但準時會更好。我們經常重複（或常聽到）的名言和「事實」之所以變得更加可信，純粹是因為它們一再被重複得夠多次，即使那些並非總是（或永遠）真實。

4. 社會意義──我們追求成為對我們的社群重要且有意義的人。當某些事物可以提升我們的任何能力──讓我們更強壯、更健康、更酷、更風趣、更好──我們就會被它所吸引。如果社會意義對你很重要，那麼一款承諾讓你變成「朋友們羨慕對象」的護髮產品，以及向你保證「下車前，別人就知道你是成功人士」的汽車廣告都會吸引到你。

5. 一致性──我們會受已知和相信的事物所吸引。一致性可以證實我們是對的，像現在這樣。這是目的／正當性的延伸，涉及我們的目的與信念系統。這會產生確認偏差（confirmation bias）──意思是人們傾向支持已經相信的事物，懷疑或忽略不相信的事物。因此，如果你提供包裝好的健康餐，想吸引那些本身注重養生的民眾，

以「吃什麼像什麼」為主的行銷策略便符合他們的特性
與信念。如果有人認為所有卡路里都一樣，那他們會忽
視或懷疑你的行銷。

6. 安全感──我們追求安全與保障，避免身體受傷或不適，
   避免陷入經濟困境，避免遭受社群和意識型態的排擠。
   所以，我們會被那些讓人在這些方面感到安心的訊息吸
   引。舉例來說，預定機票時，航空公司向你保證其「醫
   療級空氣過濾系統可殺死 99.9％的細菌與病毒」，會讓
   我們在擠沙丁魚時感到特別安心。

7. 舒適感──這是一種安全感的變形。我們討厭損失，喜
   歡維持我們所擁有的。我們會受那些能夠確保我們維繫
   並增加目前享受的生活和工作元素的事物給吸引。大家
   都看過這類型的行銷手法，強調我們「可以在自己舒服
   的家裡做某件事」──這句話非常明顯，對吧？提到**避
   免或防止**不適感的行銷內容也很吸引人，像是：屋頂採
   用防雨材質，不會讓任何水滲到家裡，避免造成你的任
   何不適。

8. 增加──我們樂於增加自己喜愛、擁有和相信的事物。

重視開好車的人會受到更好的車子所吸引；重視隱私的人會受到更多隱私保障所吸引……諸如此類。當你想到增加，想看看升級，比如住宿或旅遊計畫升等；再多想想，比如獎金或額外津貼。

9. 歸屬感——我們注重成為社群的一分子、受到社群的喜愛、為社群做出貢獻，所以能夠產生歸屬感的訊息對我們來說很有吸引力。女神卡卡的「小怪獸軍團」即是最佳範例，她藉由給歌迷一個暱稱，讓他們形成新的社群，並鼓勵新的粉絲加入。

10. 健康——帶來健康的事物對我們有吸引力——除非我們講的是無麩質馬芬，或者上三小時的飛輪。這部分可以是身體健康、性健康、心理健康等。如果某樣產品能夠延長壽命、增加體力、提升肌耐力並改善整體狀態，我們就會被吸引。你整天都會聽到與健康相關的訊息：使用這項設備會讓外表更有魅力；吃下這顆藍色小藥丸讓男性精力旺盛；參加冥想課程讓思維更加清晰。

11. 解脫——能夠永久或暫時擺脫身體或情感痛苦的事物會引人注目。獲得快樂與避免痛苦是人類的天性，如果兩

者同時發生，人們通常會選擇避免痛苦。這部分也可能是指擺脫一些小事，比如塞在車陣太久。

12. 美的事物——美麗雖然沒有單一定義，但我們還是會被自覺賞心悅目的事物所吸引。當你知道潛在客戶對美的定義，你可以透過分享一些他們覺得**更美**的事物來加強這點。比方說，紋身可以展現你的傳統——對於那些認為紋身漂亮的人來說很有吸引力；可能這件上衣的顏色可以突顯你的眼睛，也是美的事物。

13. 尊重——我們會受到那些讓人感到受重視或認可的事物和訊息所吸引。我們努力讓自己的重要性和意義得到認可。尊重類似於歸屬感，但這裡強調特定的重要性，像是具有聲望的獎項或榮譽、或者特別的殊榮。

　　考量到你對理想客戶的了解：他們的價值觀、偏好與習慣——你認為哪種吸引力影響因子最能吸引他們？

你的行銷手法與產品匹配嗎？

　　誇張的行銷確實引人注目，但如果與預想的互動率不

符，那麼誇張離譜的行銷就會顯得怪異，應該設法避免。我和好友保羅 · 薛特爾（Paul Scheiter）開車去買午餐時就目睹過這樣的例子。我們行經密蘇里州聖路易（St. Louis）外圍一個不起眼的小型商店街，在紅燈前面停了下來——停在「自由女神像」旁邊。

路口轉角處站著一名眼袋很深、蓬頭垢面的傢伙，面帶冷笑，三天沒刮的鬍渣，穿著你能想像得到最廉價的自由女神像服裝：綠色長袍、泡棉皇冠等，看起來像剛結束一週的狂歡派對。更糟的是，抽到一半的香菸垂在他乾裂的嘴角，煙霧繚繞，瀰漫到他泡棉頭飾上。他拖著沉重腳步在路邊走了十英尺，面向，不對，是朝著另一批汽車嘲笑了幾秒，然後又拖著腳走回來。用他飽經風霜的雙手舉著一塊牌子，上面寫著：「自由稅。今日免費稅務諮詢。」

雖然我忍不住盯著這位荒謬離譜的人多看幾眼，我還是儘量避免與他眼神接觸。等到紅燈轉成綠燈，我們還無法快速開走；最後看他一眼時，他正在牌子後面熄滅香菸。我的天啊！

一位穿著自由女神服裝、困頓的傢伙，看起來像要謀殺下一個遇到的人，他肯定通過了差異化測試，但他沒有通過吸引力測試。一個（可能）吸毒的（潛在）罪犯無法讓人對他的稅務服務產生信心。即使他只是個想賺錢的倒楣鬼，但

他的外表與產品不符。稅務服務？向這位傢伙諮詢？還是向雇用他的人諮詢？我質疑那些認為給這傢伙穿上二十美元服裝、並讓他在公共場合出現是個好主意的人的專業程度。我敢保證，那天開車經過那裡的，不只我有這種感覺。

有時候，在某種情況下有效的想法，放到不同情況下卻會令人反感。還記得凱西・安東的生日蠟燭嗎？為了維持餐廳營運，她在顧客的生日當月郵寄生日蠟燭給他們，並供應免費主餐。這招很管用──除了在夏天。

凱西在給我的電子郵件中說明：「結果事實證明，天氣熱的時候，蠟燭裝在信封裡寄送不太順利。等蠟燭寄到目的地，看起來更像《法櫃奇兵》（*Raiders of the Lost Ark*）那個臉融化的傢伙。這不是我想要的樣子。」

凱西把蠟燭換成碎紙花，效果也不太好。大多數人不喜歡清理卡在地板縫隙的紙屑。因此，她保留了在涼爽月分行得通的想法，並於夏天嘗試另一種想法：一把五顏六色的待吹氣球。

有時候，你的行銷手法對理想的潛在客戶來說合理，但對其他人並不然。我在前一章分享過薩凡納香蕉隊的命名由來，這是他們的第一個轉折點，因為幫他們帶來讓外界產生興趣所需的關注。但問題是，這個名字遭到當地體育媒體、棒球迷、其他球隊老闆的強烈批評。他們認為傑西和艾蜜莉

柯爾夫婦沒有認真看待棒球。

你猜怎麼著？事實並非如此，他們相當重視家庭娛樂。

他們第一次進駐格雷森體育館時，傑西每天都要打十幾通電話，幾乎每次都收到同樣的回覆。「我想跟當地民眾介紹自己，讓他們對下一個球季與我們有關的所有計畫感到興奮。」他告訴我：「但我提到棒球的時候，很多人說，『我真的不喜歡棒球』，他們覺得棒球比賽打太久，或者太無聊，或者打得又久又無聊。」

以前的球隊無法讓觀眾席坐滿。見鬼，甚至連幾排座位都坐不滿。傑西知道他必須推銷給想看趣味活動的家庭，而不是棒球迷。所以，當他們宣布球隊名稱為薩凡納香蕉隊（不是什麼權杖隊、水手隊或其他任何「可敬」的棒球隊名稱）時，那些死忠棒球迷和業界人士的批評並沒有讓他們驚慌不安。

傑西與他的球隊知道，這個名稱會吸引到他們希望吸引來看他們比賽的確切受眾——尋找趣味消遣活動的家庭，想要娛樂的民眾。這類人想看第一支棒球鼓舞樂隊和樂齡長者舞團。就算讓想認真看球的群眾打退堂鼓那又怎樣？他們已經吸引到上千人來填補空缺，因為他們的行銷與產品相符。我意思是，如果你買票去看薩凡納香蕉隊，自然會期待一些惡搞趣味。那就是你會看到的——棒球只是配菜。

順道說一下，如今那些死忠棒球愛好者也會來看這類比賽，還很喜歡。他們發現棒球可以不只是棒球。差異化做得好，可以吸引到正確的顧客，而且正確的顧客可以吸引到所有的顧客。

來思考你的一百個潛在顧客清單。什麼類型的吸引力影響因素會吸引他們？例如，極客軍團利用安全感和好奇心來吸引顧客。雖然自由稅務公司（Liberty Tax）行銷失敗，但該店家可能一直試圖透過提供財務上舒適感來吸引顧客。那麼回顧你的點子清單。哪個點子會讓你理想的潛在客戶反感或失望？哪個會吸引他們？

你的目標客戶是否厭倦了？

我第一次嘗試推銷奧梅克系統電腦公司，是採取 DM 廣告派送方式。因為我想要「提升」行銷策略，不要挨家挨戶推銷，因為我很不擅長──不，真的，我真的挨家挨戶推銷過。但半天下來，我就放棄了。別忘了，現在，這個時候，我仍嘗試採行每家公司都會做的事──這就是為什麼我最後花了一千塊美元買商標卻沒有任何效果。由於商標沒有發揮任何效果（很震驚，我知道），我後來又犯了一個經典錯誤，那就是抄襲競爭對手的「最佳行銷作法」。在這個例子裡，

我買了一份清單，兩千個名字，每個名字五十美分，投入——沒錯，我又來了——一千塊美元！這筆費用加上紙張、信封和郵費，最後花了三千美元。

事實證明，我也搞不定郵寄 DM 廣告。那家向我保證所有地址全是最新地址的名單公司根本在撒謊，兩千封郵件當中，大約四分之一被退回；剩下的一千五百封郵件當中，我只收到一封回函，而且結果令人不太愉快。郵寄廣告以「親愛的＿＿＿＿＿」開頭，空白處會填上適當的名字。那封郵寄廣告原本是寄給「親愛的泰倫……」，我會知道，是因為他把信寄回來給我，把他的名字用紅色馬克筆圈起來，還附上一張紙條，寫著「我認識你嗎？渾球。」看樣子他認識我，因為他知道我的綽號。

我的目標市場是企業主，但我第一時間未能吸引到他們的目光。首先，我使用了過時的行銷技巧，導致我昂貴的郵件和其他昂貴的郵件一起被扔進垃圾桶。而且，我以非正式的口吻取代先生女士，直呼其名，結果惹惱他們。嗯，至少泰倫很不爽。那位 T 先生，如果你正在看這本書，我真的很抱歉。我忘記你姓什麼了，但你值得我以此表示尊重。愛你的渾球。

我的第一次行銷嘗試真的很失敗，因為我沒有達到 DAD 行銷架構前面兩項要素，但我認為，非正式稱呼才是

真正的敗筆。這段經驗讓我非常害怕 DM 廣告郵寄，所以接下來五年都沒有再嘗試這個作法。不過，在此鄭重聲明，我現在會使用 DM 廣告郵寄大宗圖書銷售，這招效果很好，因為①幾乎沒有人用這種方式推銷書籍，所以與眾不同；②目的在吸引非常特定的讀者群；③可以直接引導客人採取行動。問問自己，你的行銷策略令人厭倦還是得到啟發？

你的點子是否提到潛在客戶的認同？

你能說出英文裡最強大的兩個詞嗎？其實，這兩個詞在任何語言中都最具影響力，它們每次都會勾起你的興趣。如果今天出現在報紙頭條，我保證你會一定會去看那篇新聞；如果你和我對話卡住，而你無意間間聽到其中一個詞，你可能會繼續看著我，但現在你會認真聽無意間聽到的內容。每次只要出現其中一個詞，那句話就會像磁鐵一樣把你吸引過來。兩個詞合起來的話，更令人無法抵擋。你能說出是哪兩個詞嗎？一個也行？

你可能會猜「謝謝」、「促銷」、「免費」或「性愛」──但這些都不是。我是說，也許「免費性愛」或許是；但不是，連這個都不是。在任何語言中，最吸引人的詞是自己的姓氏與名字。

想讓別人注意到你，吸引他們注意你的產品，最可靠的方式之一就是使用他們的名字。我們總是會注意到自己的名字。一直都是。你會看到別人名字的各種用法：餐廳雅座的名牌、公共廣播募捐活動上唱名感謝、會議室門上。天啊，如果我可以想辦法讓你們的名字出現在這本書的封面和某幾頁，老早就這麼做了。想像一下我說：「你會一直留意＿＿＿＿＿。」（如果想配合，你可以在空白處填上你的姓名。）看起來不錯，對吧？我是說，畢竟這是你的名字！

人們會被自己的形象所吸引。莫斯科的 Podzemka 夜店把這點變成他們的優勢。他們理想的潛在客群是 Z 世代，這個族群往往對行銷和廣告視若無睹，於是 Podzemka 想出一個辦法，用目標客戶自己的照片來吸引他們。該夜店常客可以在官網頁面上傳自己的照片，添加一些酷炫的模板和標語。潛在客群透過這種方式替夜店打起了廣告。由於 Z 世代喜歡設計迷因表情包，彼此分享照片，所以這些自製廣告像野火般在社群媒體蔓延開來。這項策略實施後，Podzemka 網站流量增加 50％。

除了潛在客戶的名字和照片，還有其他客戶認同的部分可以考慮。我們會受那些可以肯定自我認同的圖像和訊息所吸引。以「別招惹德州」（Don't Mess withTexas）標語為例 [16]。我敢打賭你不知道這句口號源自於一場反亂扔垃圾的

---

16. 譯注：雙關語，暗喻「別弄髒德州」

運動，除非你是德州人，若是的話，那我跟你道歉。我相信你一定知道，因為你是德州人。

1985 年，德州運輸部（Texas Department of Transportation）請求位於奧斯汀（Austin）的廣告公司 GSD&M 提供一個口號，幫忙解決該州的大量垃圾亂扔問題。他們希望針對比女性更常亂扔垃圾的男性，和那些認為身為德州人就能隨意處理垃圾的人群所設計的口號。該公司想出「別招惹德州」這個標語，部分原因是他們不想使用「垃圾」（litter）這個詞，而「弄髒」（mess）這個詞讓人想起媽媽叫小孩清理他們「凌亂的」（messy）房間。

這項反垃圾運動上路，標語出現在路標、電視廣播廣告及平面廣告，遍及全州。1987 年到 1990 年間，德州高速公路的垃圾減少了 72 %。為什麼可以成功？因為「目標客群」──在高速公路開卡車的人──看到這些標語，一股家鄉自豪感油然而生。這項運動把亂扔垃圾與「招惹」他們家鄉、他們身為德州人的身分連結起來，這些人就不再把垃圾扔出車外。沒過多久，「別招惹德州」變成所有德州人的認同宣言。我們受到與自我認同一致的訊息所吸引。

身分認同的效果強大。這就是為什麼刻意極化（polarization）也是一個有效的吸引力因素。我們容易受到那些肯定我們是對的、而別人是錯的訊息所吸引。你覺得為什麼那麼多民主

黨人看微軟國家廣播公司（MSNBC），那麼多共和黨人看福斯新聞（Fox News）？因為他們被那些肯定自己想法、自己信仰的訊息所吸引——讓他們成為他們的理念，那些違背認同的訊息則令他們反感。

這個時機適合你的行銷點子嗎？

在喬治・佛洛伊德（George Floyd）因暴力執法致死，國家陷入種族歧視爭議之後，我終止了一項與眾不同實驗。我本來打算讓熱氣球低空飛過某個小鎮，上面寫著「地球人，我們來拯救小企業了，請見《獲利優先》一書」——這是完全與眾不同的圖書行銷方式，我希望能藉此登上新聞版面，但我覺得現在不是時候。對任何人來說，這時候絕對不是好的行銷時機。

幾星期以後，我在 Facebook 看到一則貼文，證實我的決定沒錯。《黑人女性百萬富翁》（*Black Woman Millionaire: Hot Mess Edition*）一書作者維納斯・奧柏・里斯博士（Dr. Venus Opal Reese）發布一張她取消訂閱的郵件列表截圖，其中包含她的「理由」，結論是「我聽不見你的行銷。我太忙了，要努力保持理智、清醒、安全和活著」。除了截圖，里斯博士還對所有行銷人員發布一段訊息，它的開場白很重

要：「我已將你從我的收件匣移除，包括我的電子郵件、平信。如果你不關心我們在這個現實生活／現實時刻所面對的一切，我不希望你出現在我的收件匣。這裡不歡迎你。」

人們知道自己何時被推銷，知道你何時利用危機，也知道你何時忽略危機。所以，請注意時機點。不要發送可能傷害別人、表現出缺乏同情心或理解的行銷訊息。問問自己，「這個適合我理想的潛在客群嗎？」「現在是傳送這個訊息的時機嗎？」你可能需要發送不一樣的訊息，提及當天事件和它可能如何影響你社群有關的訊息。

你的噱頭能達成目的嗎？

2019 年，我召集一群作家碰面，彼此分享自己擴大讀者與提升品牌的良方。《跟誰行銷都成交》的作者唐納・米勒同意將聚會辦在他田納西州納希維爾市（Nashville）的家。坐在我欽佩的諸位作家中間——唐納、萊恩・霍利得（Ryan Holiday，《回到自己的內心，每天讀點斯多噶》作者）、詹姆斯・克利爾（James Clear，《原子習慣》作者）、強・高登（Jon Gordon，《能量巴士》作者）、克里斯・古利博（Chris Guillebeau，《三千元開始的自主人生》作者）、約翰・魯林（John Ruhlin，《送禮學》作者）——

我迫不及待的說出我的最佳行銷策略,其中一招是在亞馬遜網站上把自己的書當成二手書販售,然後讓顧客驚喜於獲得免費升級。這種方式可以創造話題,因為買家會很興奮得到一本全新乾淨的書,可能還會分享到社交媒體上。顯然達到差異化、吸引與指示要素,對吧?

發表完本世紀最出色的書籍行銷技巧後,我焦急等待全場起立熱烈鼓掌,至少會有稀稀落落的掌聲吧。不然好歹來隻蟋蟀拍手吧。結果,一個掌聲都沒有。

萊恩 • 霍利得直視前方劈啪作響的壁爐,然後開口說:「我討厭這個點子,他 X 的爛透了。」

噢。我的自尊心挨了一記重擊。我的臉頰發燙,喉嚨很乾,看著萊恩。他繼續望著壁爐。

「萊恩,你的意思是?」我努力克制自己的防禦性反應。

就在那個時候,萊恩 • 霍利得,研究斯多噶主義和群眾智慧的權威,開始投出邏輯炸彈。

「你想的太淺了,麥可。你只是讓那些在你書中看不出值得掏錢買新書的人印象深刻。他們是尋找廉價解決方案的廉價買家。為什麼要試圖博取他們的讚賞?」

室內一片靜默。詹姆斯 • 克利爾和克里斯 • 古利博眉毛一揚,點頭表示同意:「嗯,沒錯,毋庸置疑。」我克制自己從椅子跌落的衝動,目光投向萊恩的羊毛內襯牛仔夾

克。他看起來像個牛仔。

「更糟糕的是，」他繼續說：「你的行銷規模很小。你該問個更大的問題——你想要賣出幾百萬本書，但這個噱頭只能賣出幾本。」

萊恩在壁爐前定格幾秒，然後轉過身面向我，又說了一遍：「這個點子真他Ｘ的爛透了。」

萊恩是個聰明絕頂、善於內省、行動派的人。我們聚會時他是最後一個出現，第一個離開的人，他不會把時間浪費在細節和廢話。他還比我還小十五歲。我試著克服挫折，但他的意見卻令我難受。

在回家的飛機上，我誠實面對自己。萊恩說得沒錯：我把注意力擺在一個只會產生幾本效益的行銷想法上。因為這個想法奏效，所以我忽略一個事實，那就是它只是讓我緩慢朝目標前進。

先澄清一點，我並不同意萊恩關於廉價買家的說法。你打折買下這本書、從圖書館借到這本書，或者在街上免費圖書箱獲得這本書（還真的發生過），對我來說都沒差。我贊成儘量節省開銷，也重視每一位讀者。

而且，我不認同萊恩關於「噱頭」的說法。這些行銷策略受到不公正的評價。如果一個噱頭可以帶動持續、顯著的業務增長，我整天都會使用這招。

但他說對了一件事。我想得太淺了。折扣行銷每次只會產生一兩本的銷量，最後讀者停止購買。如果想要消除創業貧窮，我就必須銷售更多的書。數百萬本。

　　我開始問自己：「我怎樣才能每天多賣出一百本書？」更好的問題已經想出更好的答案。我使用與眾不同實驗來評估和測試行銷點子，這些想法將幫助我吸引那些幾十本、甚至幾百本的讀者（和團體）。我透過各種不同的技巧達到目的。我設定新的郵件排程、修改我的網站屬性、改變虛擬主題演講的形式。最有效的是，我增加一個行銷層級，讓人們使用我的書來推銷自己。結果，我賣出更多的書，這些銷量讓我這本書的預付款增加好幾倍——這並不是吹噓，而是指出與眾不同的關鍵。我從這本書拿到的預付版稅，比我賣掉第一間公司的價格多了幾十萬美元。我在第一家公司花了八年時間經營與銷售，但徹底改善書籍銷量，我只花了八分鐘來聆聽，還有幾個小時操作與眾不同實驗。

　　在與多位作家見面幾個月後，我傳了短訊給萊恩。「嗨，萊恩。只是想謝謝你的分享。你的建議真的讓我賺了幾十萬美元。非常感謝，老弟。」

　　他回覆：「不客氣。」

　　你在評估自己的與眾不同想法是否值得追求時，務必對自己誠實——就像萊恩對我那樣的誠實。你是否執迷於一個

表面上看起來很棒的行銷點子，但最終只會吸引到並非長久之計的潛在客戶？你是不是想得不夠多？你可能需要回去修正你理想的客戶角色。順帶一提，沒關係的，你不必第一次就把所有事情都做好，這只是實驗，記得嗎？

在為撰寫本書研究極客軍團時，我偶然發現 2012 年史蒂芬與克雷 · 柯林斯（Clay Collins）的採訪。我記下了這段話：「極客軍團必須脫穎而出，因為我們負擔不起黃頁刊登，沒錢製作廣告看板……一切都（是）行銷，因為我們沒有錢做行銷。」一切都是行銷，因為他們沒有錢做行銷。我喜歡這句話。我曾聽史蒂芬說過，他碰到最好的事就是沒錢推銷他的生意。現在我明白原因了。

從那次採訪，我得知史蒂芬將他們的行銷視為「一場大型行為藝術實驗」，由於我已經執行好幾個月與眾不同的實驗，更能證實把與眾不同的行銷法當成實驗，是克服自我判斷噪音的方法。他們不怕嘗試以非傳統作法來引起關注。薩凡納香蕉隊總是不按牌理出牌；而我，總是在做些奇奇怪怪的事。只要保證能夠與眾不同，無論是什麼，對你想服務的人來說，那些行動就像黑夜裡的燈塔。

>>>> 輪到你了

在進入「指示」階段之前，先確定你與眾不同的行銷點子能不能吸引你的理想客戶——還有如何讓點子對於顧客更具吸引力。請記住，DAD 行銷架構的三個要素都是相互發揮作用，並非獨立運行。所以，再次強調，不要跳過這個練習。

1. 找出三個吸引力影響因子，符合你想要行銷潛在客戶的方式。你可以從下方清單開始：
   - 權威
   - 美的事物
   - 社會意識
   - 一致性
   - 安全感
   - 舒適感
   - 增加
   - 重要性
   - 健康
   - 解脫
   - 歸屬感

- 目的
- 好奇心
- 可靠的來源
- 重複性

然後，針對你挑選的其中三種，個別描述可以如何結合你的與眾不同行銷點子來使用，讓點子更具吸引力。

2. 可以的話，將三種吸引力影響因子混合起來，擴大吸引效果。或者，如果不能以某種方式融合，那麼挑一個你認為對理想潛在客戶最具吸引力的。寫下或畫出你將如何利用吸引力因子來吸引潛在客戶；寫下或畫出這將如何與你選擇的不同要素共同發揮作用。

3. 確認你的點子是否符合吸引力，符合的話，就在你的與眾不同實驗表格上打勾。

>>>> 輪到我了

　　根據差異化的點子，我建立一套系統書架，把書擺在肩膀上。然後開始操作吸引力階段，測試我的點子。

1.　**媒介：**所有影片都是預先錄製與現場直播。

2.　**點子：**用讓人無法忽視的書架展示我的書籍，激發別人去購買的慾望。

3.　**吸引力：**達到差異化，但效果可以強化。設法讓觀眾目光停留在書架和書架上的書籍。

4.　**與眾不同實驗表格的背面：**在吸引力階段，我使用一個標準書架，並把我的書擺放在顯眼的位置。觀眾看完直播影片，我可以在結束後下載聊天紀錄。我注意到，觀眾會有些離題的對話，有些提到關於書架的事。顯然，把書放在我的右肩比放在我的左肩更引人注目。也許這就是人們瀏覽螢幕所遵循的 F 型模式？那麼有什麼點子比制式書架更具吸引力？在 Google 和網購平台 Etsy 搜尋「獨特的書架」。

我找到一個看起來像樹的書架。一個樹型書架！可以扮演一顆分辨善惡樹。這個符合我的品牌，能夠提供簡化創業旅程的知識。而且，樹型書架可能比制式書架更能吸引人參與。於是我從 Etsy 平台找來一位木工，費用是一千兩百元。這是一次性成本，而且我每週透過直播展示給兩百五十多人觀看。我的假設是，五週之內，每位潛在客戶的投資成本為一塊美元；隨著時間越長，每位潛在客戶的成本將降至幾美分。

　　樹型書架運用了好奇心與美感的吸引力影響因子。

　　我正在改善實驗參數，並嘗試使用這個可能更具吸引力的書架。還有一件事，我必須先通過「指示」。

第六章
運用指示推進目標

　　不管你喜不喜歡，許多街頭藝人都是行銷專家。他們以別出新裁的方式引起旁人的注意，吸引他們理想的觀眾──就大多數情況來說。而且，他們對於下「指示」瞭若指掌。當你經過一個突然冒出的歌劇演唱家、或霹靂舞團、或某個拿吉他的傢伙，你清楚他們想要你做什麼：把錢放進小費桶。他們想要你給點小費以表達對其獨特性的欣賞。他們不會給你一連串指示。你不會看到告示牌寫著：

1. 拍張照。

2. 上傳到社交平台。

3. 加入這個街頭的位置描述與地址。

4. 完成後，依能力所及給予小費。

他們也不會給你一個選項列表：

- 到 Instagram 和 Twitter 追蹤我。
- 熱烈鼓掌。當個人人都喜歡的拍手者。
- 做那種張大嘴巴、東張西望的愚蠢動作，讓別人注意到。

或者：

- 註冊加入我的郵件清單。
- 造訪我的網站，預約私人演出。
- 給予豐厚的小費。

然而，街頭藝人的指示跟上述一樣既清楚又明顯。你知道該怎麼做。快，立刻把小費桶塞滿現金。明確而具體的行動指示雖然無法保證潛在客戶一定會掏錢出來，但可以讓他們掏錢的機率最大化。

如同作家兼腦神經行銷先驅羅傑・杜利（Roger Dooley）在其著作《摩擦》（*Friction*）中所解釋的，增加步驟指示和提供過多選項會導致摩擦。對於每個行銷提議，請確保你有個清楚的指令，並且易於執行。

你甚至可以讓指令更具體，以獲得想要的確切結果。設定清楚的指令可以保證你得到更多回應、更多的小費。那如果你想讓小費變大鈔呢？

我兒子傑克（Jake）與泰勒在紐澤西州丹維爾鎮

（Denville）的貝尼亞法式甜甜圈店工作時，我告訴他們：「在小費罐裡放上幾張五美元和十美元鈔票。客人看到這些鈔票，就會多給一些小費。」很有效。即使消費者沒有往罐子裡扔五元，至少也會投個幾塊錢，比該策略實施以前消費者給的平均小費還多。消費者注意到前面的小費，以為五美元和十美元是「常態」，然後就照給。

但別做得太誇張。傑克與泰勒是可以在小費罐裡放百元美鈔，但到了一定程度，這個要求就會變得不合理。消費者發現小費罐裡有一百美元的小費，可能會因為無法提供同樣金額或認為此金額太離譜而心生不快，也可能因為別人已經給予豐厚小費，足以抵償沒給小費的額度，認為不給小費也沒差。所以，提供指示務必明確且合理。

康乃爾大學（Cornell University）餐旅研究中心（Center for Hospitality Research）曾發布一份報告，詳細介紹了二十項有研究可背書的策略，服務人員可以使用這些策略獲得更多更好的小費。你可能收過餐廳帳單，下方有建議的小費百分比，對吧？這是讓客人多給小費的方法，因為對他們來說很**具體**也更**簡單**──不需要計算。大多數人喜歡這樣的資訊，所以會多給小費。

在另一項實驗，消費者收到一張卡片，上面根據服務品質列出具體的小費百分比：服務「合格」給 15%；服務「優

於平均」給 20％；服務「出色」給 25％——這種策略反而減少真正的高額小費，因此一天之內的平均小費數量維持不變，有時甚至導致總額降低。這種策略有兩個明顯的問題：第一是「摩擦」，在留下小費之前，你必須回想剛才用餐體驗屬於哪個類別；第二是「合格」的分類，大多數人不願給予服務高評價，除非真的服務很棒，所以，如果你是平常給 20％小費的人，遵循「服務品質」的指示，你可能會給比平常少的小費——15％。

向用餐者提供關於客人**通常**給多少小費的準則，結果小費金額增加最多。不只是計算，還計算這家餐廳的大多數客人是怎麼支付小費。這就像是擺出小費桶，裡面擺著五元和十元鈔票。

DAD 行銷架構的最後一步，就是確保你的與眾不同行銷策略具備獨特的指令——一個簡單、可行的行動呼籲。去獲得那些「五元和十元鈔票」！

你的指令可以很簡單

如果你去過惡地國家公園（Badlands），應該見過沃爾藥房（Wall Drug）的招牌。事實上，從明尼蘇達到蒙大拿的九十號州際公路（Interstate 90），沿途六百多英里都看得

到他們的手繪招牌。正是因為這些與店家一樣聞名的手繪招牌，幫助胡斯特夫婦——泰德與桃樂挽救他們在「窮鄉僻壤之地」南達科他州（South Dakota）沃爾鎮（Wall）剛剛起步的藥房。由於經濟大蕭條重創當地居民生計，胡斯特夫婦在 1931 年買下沃爾藥房後不久，便意識到他們沒有足夠的客源。可是桃樂絲仍樂觀認為他們會成功，最後兩人同意再努力五年看看。

就在五年期限的最後幾個月，桃樂絲還在努力爭取顧客上門，後來她從「16A 號公路上來來往往的車輛」聲音中得到靈感。她想到旅客在大草原上長途行駛，他們可能會想來點冰水。胡斯特夫婦有很多冰和水，她心想，如果他們免費提供給開車經過的旅客，就能吸引這些人上門。一旦走進店裡，這些旅客就會變成顧客，並購買其他商品。

指令很簡單：前往沃爾藥房索取免費冰水。為了吸引駕駛注意，桃樂絲借用（還記得 R&D 模式嗎？）柏瑪刮鬍膏（Burma-Shave）的創意。她想出這個點子時，這家刮鬍膏公司把標語印在一系列小型廣告看板，擺放在美國各地高速公路旁，已經行之十多年。每個看板都有一句短語，有些是關於他們的產品：

刮鬍刷／馬上就會看到／在架上／在某間博物館／柏瑪

刮鬍膏

也有些是關於交通安全：

不要以時速六十英里／轉彎／我們討厭失去／一個客戶
／柏瑪刮鬍膏

這些標語非常有效，讓旅客為了獲得完整資訊而不斷留
意看板──這是勾起好奇心的典型操作。藉由給予不完整的
訊息來維持潛在客戶的參與，讓他們在高速公路開車無聊
時，整個心思都放在上面，直到經過下個看板才知道他們猜
的對不對。柏瑪刮鬍膏在潛在客群行車期間占據了他們的思
緒好幾分鐘。這是非常好的行銷手段，桃樂絲明白這點，所
以她替自家看板標語想了一首詩：

來瓶汽水／來罐沙士／下個路口轉彎／到十六與十四號
公路／有免費冰水／沃爾藥房

泰德和兒子將這些標語畫在十二乘三十六英吋的木板
上，沿著高速公路擺放。等他們回到店裡，顧客已經上門。
桃樂絲的想法奏效了──這些看板與眾不同，足以吸引他們

理想的消費者，指令也清楚告訴他們該怎麼做。懂了嗎？在行銷人員，也就是桃樂絲的團隊回到店內之前，就有顧客上門了。與眾不同發揮了作用，而且有時是立即見效。

到了第二年夏天，胡斯特夫婦必須雇用八名店員幫忙招呼所有顧客。最後，沃爾藥房擴大規模並成為主要的旅遊站點，每年夏天吸引數百萬遊客。他們增加一間禮品店和其他商家、幾間餐廳、一個藝文館、以及一座高達八十英尺的雷龍雕像（咳咳，與眾不同）。他們依然是家族企業，依然免費供應冰水，但現在也提供免費的保險桿貼紙，讓顧客替他們行銷。

我們極客軍團的夥伴羅伯特・史蒂芬曾在一次課堂演講中提到：「我認為，越是枯燥乏味的行業，做出差異性的機會越大。」乏味提供大量的機會，因為乏味的定義就是千篇一律。電腦維修人員很乏味，送披薩很乏味，藥房也極其乏味（這也是人們尋求藥物的一個原因）。如果你的行業很無趣，現在就去跳個快樂的舞，只要施展一點與眾不同的魔法，你就能脫穎而出。無聊的藥房在數百萬人眼裡變得不再無聊，因為多了差異化行銷因素，也就是承諾免費供應冰水的一連串詩句。我的天啊！引起注意是多麼簡單！只要去做，就會有數百萬人送上門！

你獨特的行動呼籲可以簡單到「來拿些免費的冰水」。

事實上，越簡單越好。你可以讓它非常簡化，甚至不需要語言。為了讓更多人走樓梯而不是旁邊的電扶梯，布魯塞爾市打造出音樂樓梯。他們將樓梯塗成黑白琴鍵模樣，並在每個階梯動手腳，每次有人踩上去就會彈出不同音符。現場沒有任何敦促民眾選樓梯的告示牌，沒有關於健康或運動的訊息，只有一組引起注意的彩繪音樂樓梯，吸引那些想找樂子的人，促使他們走樓梯。DAD 行銷架構已內建其中。音樂階梯既醒目（差異化）、又有趣（吸引）、而且易於操作（指示），所有步驟都不需要說一個字。

當你的行銷引起錯誤行動──或沒有行動

你聽說過《模擬市民》（*The Sims*）嗎？或《勁爆美式足球》（*Madden NFL*）？如果沒有，你只需要知道這些都是由美商藝電公司（Electronic Arts, EA）出品的熱門電玩遊戲。2009 年，該公司以不同行銷理念推出《教父2》（*Godfather II*），希望媒體大肆宣傳這款遊戲。藝電把黃銅手指虎寄給遊戲評論家和其他媒體網紅。問題是？團隊裡有人沒有做好功課，事前沒有評估風險，然後闖出大禍。因為在美國許多州，若沒有隱藏武器許可證（concealed weapon permit），持有黃銅手指虎是違法的，所以藝電不僅郵寄武

器，甚至在幾乎所有情況下郵寄送<u>非法武器</u>。

　　結果，藝電不得不請求媒體網紅歸還手指虎。雖然藝電最後確實引發媒體對《教父2》遊戲的熱議，但焦點完全與遊戲無關，而是手指虎的宣傳慘敗。他們與眾不同的行銷手法確實醒目；對某些民眾而言也是「具有吸引力」。我是指，你親眼見過手指虎幾次？何況是透過郵寄收到的？好奇心維持人們的關注度：「你收到一副手指虎沒有？」可是這個行銷活動敗在最後一步。雖然確實引起行動，卻是引起錯誤的行動。美商藝電沒有達到指示作用，反而分散注意力。

　　大公司經常犯錯，但回報始終大於風險。你很可能聽說過《模擬市民》和《勁爆美式足球》，但或許不知道什麼手指虎故事——也不知道《教父2》電玩遊戲。在大多數情況下，差異化行銷失敗後就消失無蹤，所以嘗試不同作法是值得的，但注意要合乎常理。因為有時候，只是有時候，一家公司不計後果去冒險，最後只是證明那是個餿主意。

　　以電視動畫《飲料杯歷險記》（*Aqua Teen Hunger Force*）的行銷活動為例。2007年，透納廣播公司（Turner Broadcasting）在紐約、波士頓和其他八個主要都會區的公共場所隨機擺放閃爍著藍光的裝置——給你們一點時間思考為什麼這招可能行不通。發光閃爍的裝置。放在紐約、波士頓，擺在橋下、隧道裡、地鐵入口處。你覺得這樣會有效嗎？

沒錯，你說對了，結果就像一部糟糕的情境喜劇。市民以為這些裝置是炸彈，於是通知警方，接著這個高明的行銷點子瞬間變成恐怖主義的恐慌，最後演變成封閉道路，出動地方和聯邦執法機構在整個城市搜查爆裂物。透納廣播公司原本預期民眾和媒體將熱烈討論這部動畫，結果這場行銷活動不但不如預期，反而被大家貼上惡作劇的標籤。好吧，不是大家，只有麻州（Massachusetts）州長這樣說。其他人則都氣炸，講出一些連我這種紐澤西來的傢伙都不會說的話。是啊，真的爛透了。

　　有時候，有些行銷點子根本不會引起任何行動，我稱之為「受騙、上當、白忙一場」。你吸引了眾多目光，你的客戶也感興趣，然後——哇，除了說「很酷」之外，他們什麼事也沒做。就像上次新書發表會，我要求「巴斯戰士」站在公共場合，用古英語口音大聲朗讀《南瓜計畫》一樣——沒錯，跟傳統作法不同，也得到一些關注，但並沒有為書帶來任何銷量，訂閱電子郵件的人數也沒有新增。這個點子沒有成功，因為我忘記指示民眾做**任何事情**。

　　我們經常在網頁設計中見到這種情況。你造訪一個網站，卻不知道下一步要做什麼。有時，你甚至不知道你該買什麼。或者網站到處是「了解更多」的按鈕，但網站的主要概念就是想在第一時間了解更多資訊。

史蒂芬 · 克魯（Steve Krug）在那本關於網頁設計的絕佳著作《如何設計好網站》（*Don't Make Me Think*）中提到，訪客不是來消費，而是來瀏覽。從某程度來看，世界就是網頁，我們不斷瀏覽，尋找差異之處，看看適不適合我、有沒有可以採取的明確行動。你的理想客戶能不能輕易找到你的獨特行動呼籲？或者這是他們必須解開的謎團？接下來的重要步驟最好格外顯眼且非常清楚，如果你自作聰明或給他們太多選擇，只是讓人混淆而不知所措。正如我好友唐納 · 米勒在《把行銷變簡單》（*Marketing Made Simple*）所說：「一旦混淆就輸了。」

這種混淆情況對你來說可能並不明顯，所以你的好朋友——「指標」（Metrics）先生和「測量」（Measurements）女士在此會提供協助。搭配積極的傾聽，簡單的行動呼籲就會變得越來越清晰。

在演講結束後的簽書會，我通常會翻開書的第一頁空白處，寫上賓客名字，然後再簽自己名字。如果時間允許，我會加上一句萬用問候語，像是「你行的！」或者「你超棒！」後來某次簽書活動上，我注意到排隊人群裡有位女子在看我簽名。一般情況下，別人會互相聊天，或者試圖聆聽我和前面一位的對話內容，但這位女子不是。她用銳利的眼神盯著我，看我怎麼簽的。輪到她時，她把那本《獲利優先》放在

桌面滑過來，說：「你簽錯頁了。簽在標題頁，這樣別人在社群媒體上發文，標題才會在那裡。」

起初，我愚蠢的自尊心占上風，心想：「<u>妳算哪個蔥啊？</u>我可是才華洋溢、極具影響力、卓越出色的作家（嗯哼！我媽媽是這麼說的）。今天大家來這裡就是為了看超凡出眾的我！我當然知道怎麼簽，因為，你知道的，我媽說，我很特別！」

接著，在我克服了自尊心膨脹成金剛般大小所造成的壞脾氣後，我回答：「嗯，這是很棒的觀點。謝謝妳。」

喔。我一直都是這樣簽書，即使讀者真的到社群媒體分享他們的簽名頁，也無法真正幫助我提升外界對我著作的認識──因為那只是空白頁！再說，如果沒有很多人上傳照片，那又有什麼區別？

另一個：雖然我知道別人看到或聽到他們名字時會有所反應，但我忘記個人化訊息的重要性。儘管只需多花點時間──頂多三十秒到六十秒──我還是以為萬用問候語更有效率。另外，簽過幾十本書後容易詞窮。不過，重點是，個人化訊息會讓讀者感到尊重。（別忘記，尊重是吸引力影響因素之一。）而且，他們看到自己名字加個人化訊息時，更有可能拍下簽名頁，然後發文給全世界看。

從那以後，我開始採取不同的簽書方式。一定簽在標題

頁，加上讀者名字和個人化訊息。因此，讀者在社群媒體上分享簽名頁時，現在他們的追隨者看得到著作的標題。我還附上一張小名片，上面寫著「把你拿著書翻開簽名頁的照片寄給我，我會再給一份額外關於本書內容的感謝禮」。他們把照片寄給我，因為該請求具體且合理，然後我寄給他們額外內容，並提出下一個合理要求：把照片發布到社群媒體。結合卡片的具體指令，找我簽名的讀者中約有一半的人在社群媒體上發布照片。我跟著 DAD 行銷架構的所有環節操作，讓銷量從寥寥可數到數不勝數。你也可以辦得到。

　　有些失敗的指示無法彌補。是的，我就是在說你，戴著手指虎、手持發光爆裂物的天才。有些失敗可以透過些微調整來解決，比如我在空白頁簽名的愚蠢舉動。為了完全避免巨大的失敗，請仔細想清楚你的實驗。這個指令會不會引起錯誤行動？或者不會引起任何行動？你無法預測每個結果，沒人可以，但你可以用一點思考時間來避免重大失誤。

針對你的社群設計指令

　　你知道蜜蜂能看到紫外線光譜下的顏色嗎？這表示牠們能比人類看到更多變化。因為可以辨別更多顏色，蜜蜂與其他昆蟲能夠發現花的差異之處，那些差異在我們看來都是同

種顏色。這樣的特性有助於牠們停駐在花朵時，找到雄蕊和雌蕊。所以問問自己，有什麼是你的社群可以看到、聽見或理解而哪些是其他人不能的？有什麼是他們會有反應但其他人可能不會有的？

沃爾藥房的桃樂絲．胡斯特非常了解她的理想客群。她知道，他們已經長途跋涉，穿越看似無邊無際的草原；她也知道，他們可能又熱又渴，所以她想出一個吸引他們的指令：免費供應冰水。為獲得最佳成果，請針對你的社群設計指令。什麼會特別吸引他們？

認同感，也會在促使人們採取行動方面發揮作用。想想看，你的指令可以怎麼樣肯定理想顧客的自我意識。這就是語言為何如此重要的原因。了解理想顧客的行話，可以促成或破壞你的指令。[17] 電玩零售商「遊戲驛站」（GameStop）就屬於破壞類別。

遊戲驛站製作了一則廣告，目的是吸引千禧世代購買遊戲組合包。他們下的指令是請玩家投票決定他們應該加價提供哪種組合包。問題是，這種語言讓千禧世代感覺非常掃興。廣告這樣講：「遊戲驛站想知道你想用 7.50 美元購買哪種組合包？」他們在原本想吸引的顧客眼中變成笑柄，因為他們講出千禧世代不會說的話。結果，他們的行銷想法失敗。如果你打算講顧客的語言，最好融入你所講的語言。語言必須

---

17. 參見傑佛瑞．肖（Jeffrey Shaw）所著《行話：發現理想客戶的祕密語言，讓你的業務蒸蒸日上》（*Lingo: Discover Your Ideal Customer's Secret Language and Make Your Business Irresistible*），以掌握社群的語言。

適合觀眾和語境。

在《學會改變》（*Switch: How to Change Things When Change Is Hard*）一書中，作者奇普・希思（Chip Heath）和丹・希思（Dan Heath）透過大象和騎象人比喻，解釋動機衝突的挑戰。騎象人是大腦的邏輯、理智部分；大象是大腦的情感、衝動部分。騎象人可能會說：「我需要減十磅。」大象可能會說：「我想吃巧克力豆餅乾。」大象身形比騎象人更大更強壯，所以情感面戰勝邏輯面。

想影響潛在客戶採取你想要的行動，必須讓騎象人與大象通力合作，這樣他們才會想要同樣的東西，也就是你的指令。解決辦法是？符合情感與邏輯的吸引力。使用指令時，問問自己什麼能立即滿足客戶的情感需求（立即見效、步驟簡單、報酬迅速），又能滿足長期的邏輯需求（永久的改變、顯著的影響與改善）。舉例來說，如果你販售烤架，立即性好處可能是免費的「啟動烤架須知」；長期的滿足呢？終身無憂的燒烤體驗。

三個激發因子

你指示社群的方式完全取決於你和他們的關係。他們把你視為：

1. 高等者；

2. 對等者；或

3. 次等者？

換句話說，他們是否渴望像你一樣、從你那裡獲益、或向你學習——你處於可以提供建議或幫助的優越位置嗎？或者他們認為你是他們的一員，可以相互交流、分享與交換的對等者？還是他們把你看成次等者，你處於可以從他們那裡獲益的位置？

關係定位取決於當時周圍環境。例如，教會成員在一次禮拜中會經歷三種類型的關係。牧師佈道時，教會處於優越位置；奉獻時，教會處於次等位置；到了禮拜儀式後的餐敘時間，教會通常處於對等位置。

身為客戶的產品與服務供應商，你也將經歷三種關係定位。問題是，以你現在行銷的東西，潛在客戶在當下是怎麼看待這種關係？偏見與無知是這裡的因素，所以你可能無法確定潛在客戶怎麼看待你——去進行實驗和測試，直到你釐清為止。

如果你處於優越位置，那就告訴他們應採取的行動。「買

這件襯衫」或「向我學習」都是上級語境裡的指令範例。當你被視為關係中的權威，命令性動詞是最有效的行動宣言。用表達關係增進的方式獎勵他們遵守你的要求，諸如「你做了很棒的決定」、「你會喜歡這件衣服」和「幹得好」等短語。

如果你被視為關係中的對等者，那就<u>邀請</u>他們「加入我們社群」或「與我們聯繫」。包容性動詞是對等關係中最有效的行動宣言。透過展現你潛在客戶在社群中的重要性，來回報他們遵守你的要求。告知你的社群時，運用諸如「我們一起來歡迎新加入的成員」或「〔客戶名字〕是我們家族的一分子」之類的訊息。

如果你處於次等位置，你的社群覺得你將從他們的知識、資源或能力獲益，那就<u>懇請</u>他們採取行動，用諸如「請分享你的經驗」、「請告訴我們如何為你服務」或「請捐款支持！」等訊息。當你被視為互動關係中的主要受益者，呼籲性動詞是最有效的行動宣言。透過承認他們的優越位置，來報答他們遵守你的要求。例如，「你做出很大的改變」、「感謝你的帶領」或「你的慷慨，我們將銘記在心」。

許多激勵人心的演講家，地位都高於他們的粉絲。[18] 所以，如果他們嘗試使用「告訴我，我能為你們做些什麼」之類的次等者語言，那樣效果並不好。但如果他們的指令是「來參加我的五日培訓」，那樣反而會成功。相反的，如果是像

---

18. 造訪 gogetdifferent.com 網站並獲取免費資源，看看我是如何利用與名人的「關係」實施與眾不同策略的例子。我想你會發現與眾不同之處。

企業家協會（Entrepreneurs' Organization, EO）之類的智囊團組織說「來參加我們的五日培訓」，這種訊息效果就不如「加入創業夥伴行列」或「申請成為會員」等說法來得有效。如果你是非營利組織 KIVA——一個須透過企業提供小額貸款來幫助貧窮人口的機構，那麼「申請加入奉獻行列」的說法就不會像「請幫助需要你的創業家」或「助人一臂之力」來得有效。指令必須符合關係定位，否則達不到預期效果。

幫行動注入燃料

在紐華克機場（Newark Airport）的 C 航廈，你可以在一間名為「機密」（Classified）的餐廳吃飯——如果你知道這間餐廳，知道它的位置，而且還收到邀請或預約的話。事實上，想走進這間頂級餐廳，不僅要知道它的存在，你還必須是美國聯合航空飛行常客獎勵計畫的 1K 會員[19]，或者認識 1K 會員並得到邀請。等我終於進入「機密」會員名單，我一定會在下次出差特地安排時間去那裡吃飯。為什麼？因為光是知道這間餐廳，就讓我覺得自己很特別，獲准進入餐廳更讓我覺得自己是個大人物。而且，我喜歡當大人物的感覺，所以我不會保守祕密。我會把這間餐廳的事告訴所有人。

19. 譯注：每年飛行里程數達十萬英里的客戶。

事實上，我還找了十個朋友去那裡，這樣我就能「帶他們進去」。每次我和家人旅行，我們都會去「機密」。為什麼？因為我們可以進去。雖然我知道行銷的「花招」，但「覺得自己很特別，感覺像大人物」的自負感讓我願意走進去，讓我願意打開錢包。

祕密可以激發極致忠誠度。知道紐華克機場有間祕密、貴賓獨享的餐廳，是我成為美聯航忠實顧客的重要原因。大多數航空公司都擅長操作祕密、貴賓獨享和稀少性。他們設計出銀卡、金卡、白金卡、鑽石卡……無論什麼半寶石或塑膠寶石等會員身分，都為了讓顧客感到特別與重要。一旦乘客達到「菁英」的身分，他們就不太可能搭乘其他航空公司的飛機。你知道的，這就是尊榮身分的力量。

Ajito 是一家位於加拿大卡加立（Calgary）的日本餐廳，隱藏在舊式可口可樂販賣機的後面——真的，那就是他們店的正門，你可能走過去還不會發現。它的行銷是怎麼成功的？因為人們喜歡隱密、不公開的地方，喜歡那種「找到」祕境的挑戰和「掌握內幕」的誘惑。

在紐澤西托瓦科（Towaco），鐵道（Rails）餐廳有兩個吧檯：一個靠近主要用餐區，另一個是藏在書櫃後方的祕密吧檯。（看吧？不能把祕密告訴我。要嘛<u>什麼</u>都別說，不然就<u>全部</u>告訴我。）猜猜看哪個吧檯最擁擠？

如果你真的想強化指令的效果，那就限制它的可得性。如同我先前提到的，我想買一輛皮卡貨車。我於 2020 年開始搜尋，當時全新改款福特純種野馬（Bronco）休旅車系列已開放預購，交貨日期自 2021 年起，共有七個等級配備規格供你選擇。如果你願意等待，那麼供應量是無限的，而且市場需求強勁；但其中一款數量非常有限，首發限量版比基本款貴兩倍，但幾分鐘之內全數售罄。兩倍！由於首發版原本計劃生產的三千五百輛賣得太快，福特決定將產量提高一倍，增加到七千輛，以安撫潮水般湧來的「我差了幾分鐘」的抱怨，因為許多人等待卻無法快速點擊和輸入信用卡資訊。福特雖然增加供應量，但幾分鐘後又完售。

　　當某樣東西稀缺時，就可以幫行動注入燃料。我那時候連搜尋野馬休旅車都沒有，而且我也不夠快速點下「打造你的野馬」，因為我如果等待，就會錯過首發限量版。我沒有購買野馬，甚至從未認真考慮過它，但在稀缺性的力量驅使下，我採取的行動比我預期還多。我強烈猜想，如果有訂到的話，我一定立刻付訂金。可能是在我吃巧克力豆餅乾的時候錯過的（該死的大象）。

　　說個題外話，我分析了我在網路搜尋一輛新車的時間，我發現自福特野馬休旅首發限量版被秒殺以後，我花在福特產品的時間，比花在其他汽車製造廠的時間總和多 68%——

這就是稀缺性的另一股力量：當你沒有搶到限量供應，而且錯過，其中一些人還是會念念不忘。沒有買到野馬，但我已經預付訂金買下福特 2022 年推出的新款純電動汽車——不，我原本要買的也不是這款。

你知道你需要一個獨特、非常具體的指令，以確保行銷工作得到成效，但這個指令應該是什麼？想搞清楚這個問題，只要問自己：「在這個階段，我希望理想的潛在客戶做什麼？」點選並購買？加入訂閱行列或追蹤社群？——這些都是簡單明瞭的請求。但有時，你需要消費者遵循多個步驟或路徑才能達到你想要的結果。

所以，從目的地開始，一步步往回走。你已經透過設定對象、產品和勝利等目標參數完成這個部分，你知道誰是你理想的潛在客戶（對象）哪種東西最適合他們（產品），以及你想要的最終結果（勝利）。了解「勝利」條件後，再逆向設計出潛在客戶易於接受的最少步驟，以讓你獲得「勝利」。在一系列步驟中，你希望潛在客戶採取的每個行動都必須符合兩個條件：①必須是合理的要求（不多不快，不少不晚）；②必須是安全的要求（可能的回報大於潛在客戶預

期的風險）。

　　一旦選定明確的指令，你必須確定所有理想的潛在客戶都可以執行那個行動。例如，你的要求是否需要客人持有特定類型的手機？或者須使用特定的網頁瀏覽器？或者只能付現？如何確定你的行動呼籲對於大多數（最好是全部）期望的潛在客戶來說是可行的（幾乎能輕易做到的事）？你可能無法為每次突發事件做足準備，所以在實驗與後續推出階段要準備好接收意見反饋。傾聽潛在客戶的意見，他們會指出感到困惑或困難的地方。

　　記住，越多選項越會導致混淆，所以要找出一個幾乎所有目標受眾都能理解的行動呼籲。心理學家貝瑞・史瓦茲（Barry Schwartz）在他的著作《選擇的弔詭》（*The Paradox of Choice*）中解釋，過多的選擇反而更不知所措。你知道那種盯著滿滿二十頁的菜單卻無法決定點什麼菜的感覺嗎？選擇的弔詭就像這樣，你應避免讓理想的潛在客戶出現這種感覺。給他們唯一一個可以採取的行動。

　　進一步完善你的指令，告知他們採取行動可以期待哪些事。當他們造訪你的網站、撥打你的電話、或者參加你很棒的聚會時，會發生什麼驚喜？

>>>> 輪到你了

　　你目前處於 DAD 行銷架構的最後階段，來把這個寶貝點子帶回家吧。記住，有效的行銷需要一個具體的指令。你的指令是什麼？

1.　回顧或完善你希望潛在客戶採取的最終行動，即最終購買目標。你已經在與眾不同實驗表單中，把這部分記在步驟一的「勝利」欄位。

2.　接著，記下你希望他們在這個階段立即採取的行動。

3.　最後，寫下你將用來指示潛在客戶立即採取行動的短語（或關係定位）。確認這句短語或你創作的任何形式的指令，都是清楚、具體、合理且可行。如果是，請在與眾不同實驗表單上的方框打勾。

>>>> 輪到我了

　　過去的測試結果證明，在傳統制式的書架上，書籍的獨特擺法可以獲得關注（差異化）和適度的參與（吸引力）。藉由樹形書架的新測試，我想獲得更大的關注（差異化），讓人鎖定更長時間（吸引力），我還需要確保在指令階段提出一個具體且合理的請求。

　　在測試之前，我要完善指令，以便找到最好的客人。我寫在紙張背面，你也應該試試。

1. **媒介**：所有影片都是預先錄製與現場直播。

2. **點子**：用讓人無法忽視的樹形書架展示我的書籍，激發別人去購買的慾望。

3. **是否通過 DAD 行銷架構？**打勾，以樹形書架達成差異化，儘管只有測試才能證明其效果。打勾，以樹形書架達成吸引力，因為該結構會讓我們眼睛自然徘徊在……當然，需要測試來證明。現在開始進行指令的部分（寫在紙張背面）。

4. **指令：**我每週展示給超過兩百五十人觀看。我大可掛
    個看板，上面寫著「去亞馬遜購買這些書」，但這樣
    感覺太俗氣，像是零售櫥窗一樣。因為我是演講者，
    如果我這樣說：「你們大概有注意到我身後的幾本書，
    我寫這些是為了讓創業之旅變簡單。如果覺得適合你
    們，請馬上去亞馬遜買一本。」

    我也可以透過在聊天室中公布他們剛訂購哪本書來給
    予回饋，並發送免費額外內容做為答謝。這裡也帶有社會
    認同機制：看到別人做某件事時會群起效仿。這是強大而
    清楚的指示。

    我已經改善所有的實驗參數，把成功的可能性提到最
    高。現在我準備好進行測試了！

第七章

實驗、測量、強化、重複

　　讓我們現在就來解決這個問題：你的某些新奇想法很爛。等等，我收回這句話，是你<u>大部分</u>的新奇想法都會很爛。我大膽猜測，我自己的新奇想法有 90％以上都是無用的廢物——在行銷幾毫秒內就失敗。但剩下 10％的想法真的撐到最後，它們大大彌補了那些沒有完成的實驗。

　　「所有數字的總和」（Sum of All Numbers）記帳事務所執行長蜜雪兒・史克里布納（Michelle Scribner）在飯店房間閱讀本書初稿時，讀到把書扔到牆上。她很生氣，居然得嘗試九次才能得到一個好主意；她很生氣，是因為她知道這就是事實。你可能也會被失敗率激怒而惱火，但是，我不會用舒適的謊言浪費你的時間。這是殘酷的事實。你必須特立獨行，你必須透過一而再、再而三的試驗來找出自己的獨特之處。

　　當然，透過不斷失敗的過程，你會想出引人注目的好點子。好點子猶如鳳毛麟角、寥若晨星，或許讓你興起就放棄念頭。你或許開始懷疑自己的想法是否可行。或者，你可能

覺得有些想法太冒險而不敢嘗試。一旦你出現這種感覺，記住，你的對手也會有相同感覺。每個人都會經歷到這種磁力牽引，把我們拉回老樣子，按照其他人所做的方式。不是因為那種方式有效，而是因為它讓人感覺安心。

所以，如果你內心感到拉扯，掙扎著想用其他人都在用的那種填空行銷，別擔心，這是正常的。如果你聽到教練、代理機構和專家人士說「你需要＿＿＿＿」，裡面空白處指其他人掛在嘴邊的行銷方法，這是正常的。但僅因為「正常」，並不表示你就該這麼做。當然，你會感受到這麼做的引力，但你絕對不應該這麼做。

嘗試新奇事物讓你感覺害怕，恰恰是因為沒有人在做——這就是你必須去做的原因！因為沒有人做過，所以它才會有效。

我們這些凡人的性格傾向是融入群體，所以你可能會立即摒棄自己的想法，卻沒有真正考慮過它們是否真的值得追求。人類克制自己的天性扼殺了發明與創新，所以我希望你能夠進入這種心態：你的想法不必非得成為你商業行銷計畫的固定組成部分。這些想法只是簡單的實驗。

我六年級上自然課時，因為混和錯誤的化學藥劑而冒出一團煙霧，福代斯先生會說：「幹得好，你剛剛發現了某種可能致命的東西。不要大規模操作這個，我們再來嘗試新的

實驗。」同樣的，你有一個行銷假設──可能有效，也可能無效──你要進行測試，看看有沒有新發現。沒有非成功不可的壓力，沒有一試定終身的壓力，沒有盡善盡美的壓力；只是有趣的實驗室實驗。

我們購買行銷課程和廣告套餐的原因之一，是因為我們相信供應商吹噓的數據：電子郵件的開信率、點擊率及互動百分比。我們以為，由於同業的其他公司或許從他們的投資當中獲得這些回報，我們或許也辦得到，所以，我們穿上最漂亮的灰色西裝，祈禱著我們與其他灰色西裝排成一列時能獲得最好的結果──這就是行銷失敗的時候。這就是我們聽到最大行銷謊言的時候：如果你的行銷沒有發揮效用，那就是你做得不夠。

是的，我稍早提過──可能還講過不只一次。我要再次重申，是因為這是行銷「專家」最常犯的罪惡。讓它臭下去。沒錯，我說的是「臭下去」。這個謊言就是爛到發臭。為了戲劇效果，我要再說一遍。

世界上頭號的行銷謊言就是：

如果你的行銷沒有發揮效用，那表示你做得還不夠。

廣告沒效嗎？你需要更多廣告。網站轉換率太低？你需要更多的流量。電台廣告失敗？你需要放在更多站台，每天播出更多次。

還記得琳達・韋瑟斯嗎？她砸了五萬美元只為了得到一個潛在客戶名單，一部分是因為她聽到別人說，她只是投入得不夠。要再更多、更多、更多。

全是鬼扯！

完全胡說八道。

如果你正在執行某些行銷，卻沒有成效，很可能是因為缺乏 DAD 行銷架構的要素之一。毋庸置疑。你必須達到統計上的顯著性差異（嘗試的次數足夠，至少有一個人很可能感興趣），但操作更多同樣不引人注目、沒有效果的行銷是天大的錯誤。這就好比沒人看得到隱形人，那我們把整個隱形人家族都搬到舞台上，那現在你就看見他們了嗎？當然沒有。再多的隱形人一樣看不見。

另一方面，我們會猶豫不敢嘗試新奇的想法，是因為目前還沒有數據證明這些想法是否有用。我們不知道別人是否會理解我們想做的事情，就算別人理解，我們也無法確定這樣做是否真的能開發潛在客戶。如果你回想個幾分鐘，我相信你會意識到，過去你也有不少點子，只是當初覺得執行風險太大而中途放棄。也許你覺得你的想法會花費太多時間、太多金錢、或太多精力。換句話說，這些想法似乎風險太大，所以把它們擱置一旁。

你有沒有想過「把它擱置一旁」這句話？我們以為這表

示我們暫時把某樣東西放到小火上，去煮其他東西，準備稍後再回來弄。結果實際情況是我們最後完全遺忘它。你知道忘記爐子上正在煮東西會發生什麼事——你會毀了那道菜，鍋子也燒壞，最後焦成硬皮，沒人吃得下去。

我們需要把我們的行銷想法從大型的「行銷規畫」拆解成可行的「行銷實驗」。正是這些小測試讓我們發現什麼有效、什麼無效，或許同樣重要的，是我們開始從中建立自己的行銷實力。在這裡我們可以確定，是否掌握毫秒行銷的訣竅？我們的想法是否值得大規模推廣？我們總是從行銷實驗開始（易於管理和揭露問題），接著，針對成功的實驗，繼續操作行銷規畫（全面落實與長期實施）。

然而，某些想法並不值得花時間和金錢進行實驗。因此，我會先評估自己的想法，然後再進行實驗。我希望你也這麼做。因為沒有什麼比一堆失敗的嘗試和越來越少的錢更能摧毀你的信心了，所以先檢視想法再實驗。換句話說，儘量以低成本進行實驗。如果實驗成功，或者只需稍做調整就能成功，那麼再來增加投資成本，推展出去，然後等看你的潛在客戶大量湧入。

但是，該如何判斷哪些想法有潛力、哪些想法不該出現？你可以評估這些想法是否遵守 DAD 行銷架構，追蹤它們是否真的有效。在本章中，我將指導你完成你自己的「與

眾不同實驗」。你已經完成大部分的相關工作。接下來是讓你的想法出來亮個相，再來決定是否準備好正式推出。

與眾不同實驗表單

你有沒有遇過那種腦袋總是有各種新奇想法的人？無論是偉大的、有趣的、古怪的、還是鬼靈精怪的想法，反正就是層出不窮？他們是怎麼辦到的？不是他們本身有什麼特殊才能，而是他們有一套思考流程。他們的創意發想收放自如，潛意識就能冒出點子。儘管如此，他們仍有一套思考流程。「與眾不同實驗表單」是一個簡單的作法，用來設計可操作的行銷點子——你的實驗。你可以藉此評估你的行銷方法是否以對的產品鎖定對的潛在客戶、是否發揮 DAD 行銷架構（差異化、吸引力、指示）的功效、以及是否值得追求。

十多年前，我為自己開發了一套粗略版的「與眾不同實驗表單」。我經常用它來測試自己的想法，也用來測試客戶們的想法。我經常使用到現在已經變成習慣，隨處都能看到獨特的行銷機會。從第三章開始，你在書中就一直在操作它，我們將一步步完成，讓你從現在開始就能不費吹灰之力的運用自如。

提醒一下，你可以到 gogetdifferent.com 網站下載免費

的「與眾不同實驗表單」和本書的所有資源。建議你繼續閱讀本書時，印一些備用表單在手邊。如果你真的不喜歡工作表單，你可以看這裡的表單，然後在自己的筆記本上跟著做。

在我們完成整份表單之前，一次只做一個實驗是很重要的。最後你會迸出許多想法，但我們只會從一個測試開始。因為試圖管理和追蹤多種不同的行銷策略會讓你分散注意力，反而害你抓狂。另外，就像烹煮你最喜歡的料理，久而久之你可能會發現，多放一點鹽或少一點麵粉就會有很大的差別。「與眾不同實驗」並不是非贏即輸，而是執行、重來、調整、或放棄。

與眾不同的實驗表單

名稱＿＿＿＿＿＿＿＿＿＿
日期＿＿＿＿＿＿第＿＿＿次測試

步驟一：目標	**對象** 誰是理想的潛在客戶？	
	產品 提供給他們的最佳服務是什麼？	
	勝利 你想要什麼結果？	

步驟二：投資	**顧客終身價值（LTV）：** ＿＿＿＿＿ 典型顧客生命週期帶來的價值（收益）	備註：
	可能的成交率：每＿＿＿當中有＿＿＿ 你預期潛在往來客戶的成交率，例如每五個客戶當中有一個成交	
	每位潛在客戶的投資額度： ＿＿＿＿ 你願意為每位潛在客戶冒險投入的金額	

步驟三：實驗	**媒介：** ＿＿＿＿＿＿＿＿＿＿ 你會使用什麼行銷平台？例如網站、電子郵件、DM 行銷、廣告牌等 **點子：**	**這些作法有通過 DAD 行銷架構嗎？** ☐ 差異化 ☐ 吸引力 ☐ 指示

步驟四：測量	**預期目標** 開始日期：＿＿＿＿＿＿＿＿ 預期潛在客戶人數：＿＿＿＿＿＿ 預期回報：＿＿＿＿＿＿＿＿ 預期投資額：＿＿＿＿＿＿＿＿	**實際成果** 結束日期：＿＿＿＿＿＿＿＿ 實際潛在客戶人數：＿＿＿＿＿ 實際回報：＿＿＿＿＿＿＿＿ 實際投資額：＿＿＿＿＿＿＿＿

觀察：

評估結果 {

擴充＆追蹤	再測	改良	放棄
作為可持續發展的策略	測試新樣本	改善後再測	重啟另個新實驗

好消息是，如果你從頭到尾都一直跟著做，那麼你已經完成步驟一到三。但為了確定我們掌握**每個細節**，我會再瀏覽一遍所有的要素。

在「與眾不同實驗表單」或一張紙的最上面，寫下你的公司名稱（在「名稱」的欄位）、日期（在「日期」欄位）、以及你的實驗編號（在「第＿＿次測試」的欄位）。你才剛開始，所以編號是一。我知道這就像是在你五年級試卷上面寫下名字一樣基本，但這樣除了簡化編制工作之外，還有其他原因：藉由在上面寫下名字，掌握自主權。這就是我在本章開頭提到獲得掌控的第一步——掌控業務的發展。當我把「名稱：米卡洛維茲品牌」或我其中一間公司的名稱放在最上面時，就會有股強烈的感覺，我只能用「放手一搏吧」來形容。這個不只是某個隨機的實驗，不是為了在自然課上得到好成績，這個實驗可能永遠改變我的事業走向。不久，你將有一大堆這樣的實驗成果，這些數據會幫助你找到你（可能，希望如此）獨特新奇的行銷點子。這些就是你自己的行銷創意型錄。

步驟一：目標

如果你在第三章尾聲已經完成「輪到你了」的部分，那

麼填寫這個部分是輕而易舉的事。基本上就是複製貼上！但請注意以下幾點：

1. **對象**——誰是你理想的潛在客戶（或角色，如果你比較喜歡這個說詞？）。希望你在第三章已經解決這個問題；如果還沒有，現在是最佳時機。回想一下，這個角色具備你最想與他們共事的人的一系列特質。請注意，我說的是「某個人」，並非某個族群。在這裡請避免籠統的市場受眾，例如「所有飛行員」或「帶著幼童的媽媽」或「跟著媽媽的幼童」。要具體說明細節，例如「今年退休想另闢職場的飛行員」或「家裡有五名不到十歲的孩子但還沒瘋掉的媽媽」（當然最後一個純屬假設）。客戶角色越具體，我們針對這些人的獨特行銷就越有效。詳細了解他們是什麼人，能讓你制定出非常具體的行銷方法。

2. **產品**——什麼樣的產品最適合你的潛在客戶？在你的商品或服務中，哪一個會撼動他們的世界？這個產品或服務提出什麼重大承諾？

3. **勝利**——你想要的最終結果是什麼？你想向你的潛在客戶推銷什麼嗎？你想讓他們捐獻、成為會員或報名參加

什麼課程嗎？「勝利」是行銷的終局。當我們進入步驟二的「指示」階段，這部分就是你希望他們立即採取以便達成「勝利」的行動。在某些情況下，「指示」與「勝利」是同一件事，如「購買衣服」，但在某些情況下，你會使用「指示」來接近「勝利」，如「註冊即享新品上市通知」。記住，「勝利」是你想要的最終結果，「指示」是達成目標的前一個步驟。

步驟一：目標	對象 誰是理想的潛在客戶？
	產品 提供給他們的最佳服務是什麼？
	勝利 你想要什麼結果？

步驟一：目標——與眾不同實驗的第一階段
確認潛在客戶、提供的產品、以及想要的結果

步驟二：投資

同樣的，你可能已經在第三章完成這項工作。這樣的話，你已經搶得先機。

1. **顧客終身價值（LTV）**——你顧客的終身價值是多少？在與他們互動期間，你能賺得多少收益？

2. **可能的成交率**——如果傾盡全力的話，你獲得這個客戶的機會有多大？這裡只要簡單陳述每多少個人當中有幾個。

3. **每位潛在客戶的投資額度**——了解可能的成交勝算後，為了讓潛在客戶的其中一個成為顧客，你願意在每次行銷嘗試中為每位潛在客戶投資多少錢？

步驟二：投資	顧客終身價值（LTV）：＿＿＿＿＿＿ 典型顧客生命週期帶來的價值（收益）	備註：
	可能的成交率：每＿＿＿當中有＿＿＿ 你預期潛在往來客戶的成交率，例如每五個客戶當中有一個成交	
	每位潛在客戶的投資額度：＿＿＿＿＿＿ 你願意為每位潛在客戶冒險投入的金額	

步驟二：投資——與眾不同實驗的第二階段
確認顧客終身價值和測試每位潛在客戶的投資額度

步驟三：實驗

接下來運用 DAD 行銷架構。根據你所學的一切，注意以下幾點：

1. **媒介**——你會使用哪種行銷平台？如果使用與業界其他人相同的媒介，你就必須展現足夠的「差異化」，讓常見（可忽略）的媒介變得無關緊要。或者，使用與競爭對手不同的媒介，透過媒介本身的差異化，你已經提高自己獲得關注的優勢。

2. **點子**——看看自己在第四章列出來的靈感巧思，打算開始測試哪個行銷點子？接著自問：「有通過 DAD 行銷架構嗎？」

3. **差異化**——你的點子讓人難以忽略嗎？

4. **吸引力**——這是個無害的好機會嗎？

5. **指示**——這是具體且合理的要求嗎？

在通過的方框中打勾。如果三個都能打勾，你就可以嘗試這個實驗；如果你自認為還不能打勾，那就改良點子直到能打勾為止。雖然在進行實驗以前，你不會有證據證實這個點子的 DAD 有效，但我們需要先通過你自己的直覺測試。

步驟三：實驗	媒介：＿＿＿＿＿＿＿＿＿＿＿＿ 你會使用什麼行銷平台？例如網站、電子郵件、DM 行銷、廣告牌等 點子：	這些作法有通過 DAD 行銷架構嗎？ □ 差異化 □ 吸引力 □ 指示

步驟三：實驗——與眾不同實驗的第三階段
提出不同行銷點子時評估是否符合 DAD 行銷架構

步驟四：測量

如果經過合理判斷，相信你的方法會引起注意，令你的理想顧客感興趣，並且讓他們採取具體行動——那麼你已經準備好測試你的理論。真理不是透過言語來說的，而是透過行動來說，你的潛在客戶會透過他們的行為「說出」真理。如果你讀過我其他本書或聽過我的演講，你可能會知道我是一名測試者。我喜愛好的測試，如果測試不能產生結果，那麼在上面花費時間和金錢又有什麼意義？不要把賭注押在你

以為顧客會做的事情上面，要押在你知道顧客會做的事情上面。測試讓你從理論走向現實。

我知道我下面要說的是「廢話！我當然知道」這種類型的事情，但知道和實際去做是兩回事。許多人知道卻很少人會做：你必須計劃並衡量投資回報。想要你的「與眾不同」行銷變得有意義，它必須產生積極回報，它應該直接或間接推動你想銷售的東西。而且你必須確保，你在行銷上累計投入的時間和金錢產出大於花費的收益。行銷應該不僅是回收成本，也應該有助於你公司的持續運作。你知道的，即賺取你的利潤。

或許你的「與眾不同」行銷方法將建立一個有電子郵件、電話或其他聯絡資訊的潛在客戶名單，但沒有指示他們購買。或許你用產業報告換取他們提供自己的姓名和電子郵件。這種情況的話，你是指示他們提供聯絡資訊，然後下個階段可能才是推銷你的產品，但你依然需要進行投資回報的分析。其他時候是指示他們購買你的產品，而這種情況你也需要計算投資回報。

在「測量」的部分，請注意下面幾點：

1. 首先看你的「預期目的」。
   * **開始日期**──你打算什麼時候開始進行實驗？

- **預期潛在客戶人數**——本次實驗將鎖定多少預期客戶？

- **預期回報**——你預期的投資回報是多少？也許不是實際收益，但可能是支持收益的結果（像是註冊數量）。

- **預期投資**——操作實驗的成本是多少？

2. 接下來，在輸入「實際成果」之前啟動你的實驗：

- **結束日期**——你的實驗什麼時候結束？建議你一開始就決定好，即使情況可能隨時變動。你可能會得到比預期多或少的潛在客戶流量，可能需要收集更多或減少數據。因此，你可以延長或縮短「結束日期」。給自己保留一點彈性，但不要太寬鬆以免實驗失敗。

- **實際潛在客戶人數**——有多少潛在客戶實際參與你的行銷計畫？

- **實際回報**——你的實際回報有多少？和「預期回報」一樣，如果不是預期目的所需，也不一定是收益。

- **實際投資**——完成實驗後再填寫。實際操作的成本是多少？

3. 填完兩個欄目，再回顧本次實驗。

- **觀察**——如果你決定重來一遍或直接推出，可以加入任何有助於調整或改進實驗的說明。

4. 最後一步，針對如何進行下去做出決定，也就是<u>評估結果</u>。既然已經完成實驗，你的評估結果是什麼？以下是我考慮的四個選項：

- **擴充＆追蹤**——當你的實驗成果符合預期目的，也就有信心這個過程繼續下去能產生理想的結果。擴大潛在客戶人數，增加你的投資。記住，過程中要不斷測量，因為「與眾不同實驗」現在有效，不表示明年也會有效。千萬別用一個方案打天下。當它見效時，請充分挖掘它的價值。

- **再測**——當你對結果的準確性或一致性沒有把握時，用新的樣本再測試一遍。

- **改良**——當你知道你的「與眾不同實驗」某些部分有效，但不是全部時，這是很常見的結果。你的行銷可能有某些方面需要改良和測試。此時，你可以調整想法來強化 DAD 的有效性。

- **放棄**——當你知道你的想法爛到極點，是時候丟掉它了。對你來說不難理解，假設你知道無法產生任

何回報、或者你的花費無法得到合理回報的話。把你的實驗記錄下來，但不要設法以此為基礎或設法改善它。把這個扔到實驗垃圾堆，不過以後如果你有新點子需要的話，也許可以從這裡抽出幾個。

如果實驗成功，把「擴充＆追蹤」圈起來，繼續執行下去。如果實驗有效，但你沒有獲得足夠的數據，把「再測」圈起來，重新測試新樣本。如果實驗的某些方面有效，但沒有達成預期目的，把「改良」圈起來，修正你「與眾不同實驗」的應用要素，然後重測。最後，如果實驗失敗，把「放棄」圈起來，繼續你的下一個實驗。

步驟四：測量	預期目標	實際成果
	開始日期：＿＿＿＿＿＿＿＿	結束日期：＿＿＿＿＿＿＿＿
	預期潛在客戶人數：＿＿＿＿	實際潛在客戶人數：＿＿＿＿
	預期回報：＿＿＿＿＿＿＿＿	實際回報：＿＿＿＿＿＿＿＿
	預期投資額：＿＿＿＿＿＿＿	實際投資額：＿＿＿＿＿＿＿

	觀察：			
評估結果 {	擴充＆追蹤 作為可持續發展的策略	再測 測試新樣本	改良 改善後再測	放棄 重啟另個新實驗

步驟四：測量——與眾不同實驗的第四階段，也是最後的階段
在此設定行銷目的，再與實際成果進行比較，並決定如何進行下去

如果你真的聲名大噪，不要緊張，你已經大幅領先業界的競爭對手，即使不是全部，也是大多數。根據市調機構IBISWorld 的產業報告，目前在美國開業的電腦維修服務公司超過五萬家。而且，自 2002 年 10 月 24 日出售極客軍團以來，沒有一家公司能夠以類似的方式成功行銷。原因很明顯——沒有人敢嘗試。你的競爭對手也是。他們擺脫不掉業界的「最佳作法」或當今潮流。他們盡可能打安全牌、儘量融入群體，但肯定不是嘗試創造一種對他們來說真實可靠的行銷方式。當然，他們也不會一直尋找改善現狀的方法。但你會。這就是為什麼你會成功，一夕爆紅！

何時該停止？

還記得蓋比的故事嗎？我們想到一招，把一堆書寄給潛在客戶，附上便利貼，上面指出實用的頁數。我把這個點子分享給我的《搞定下個問題》顧問社群，鼓勵他們嘗試這個方法，並在最後備註加上這段訊息，「私訊我，我會幫你解決任何問題」。

不久，我接到其中一人的電話。我稱他為泰德。「我有照你的點子去做。」他告訴我：「我寄出四十本書，也收到眾多感謝，卻沒有人聘請我，所以我覺得這招沒效。」

在這種情況，問題不在於點子。泰德還沒達到統計上的顯著性差異就停止操作。你在第三章學過，（我希望）也已經想出你的一百個潛在目標客戶。泰德距離一百個目標還差六十人。

他也沒有給予實驗充足的時間。泰德希望一週內得到回覆，但他的潛在客戶至少需要幾週時間來閱讀一本書和便利貼。在他初次來電的一個月後，泰德回電告訴我，他現在有了兩位新客戶，所以他又開始操作這個行銷。

如果在達到顯著性差異之前就放棄，你永遠不會知道你的「與眾不同實驗」是否有效。你需要給它足夠的時間施展魔力。不要剛起步就停下來。不要倉促進行實驗。如果你在「一百個目標」上嘗試了一段合理時間，並調整過「吸引」和「指示」部分之後，依然沒有得到預期結果，你就會知道是時候放棄這個點子了。

這支電台插播廣告聽起來與我們編寫的完全不同，倒像是「radio-y」[20]。到底怎麼一回事？

讀過《搞定下個問題》的人可能會記得安東尼‧西卡利（Anthony Sicari），他是紐約州太陽能電場（New York

---

20. 編按：是一個以社區為基礎的專業興趣廣播服務，位於英國。

State Solar Farm）的老闆，以及他如何以獨特方式利用債務管理現金流的故事。[21] 我在愛迪生集體智囊團（Edison Collective）[22] 見到他時，他提到想改變他的廣播電台廣告，做點不一樣的事。五年來，安東尼每年在這個特定行銷媒體上的花費大約是七萬美元。實施《獲利第一》以後，他無法證明這筆費用花得合理，所以，他想對廣播進行試驗，因為廣播原本有效，可以帶來穩定的投資報酬率，但現在基於某些他不明白的原因而沒有達到預期效果。聽起來是不錯的實驗計畫，你覺得呢？

我為本書採訪安東尼時，他告訴我：「我選擇使用電台廣告，是因為我猜想企業主會收聽廣播，結果到頭來我們無法追蹤。我們無法看出廣播有沒有效果。」

我們合力想出一個不一樣的概念和行動計畫。

1. **差異化**：跳過那些沒人在聽、配樂又俗氣的制式宣傳廣告，錄製一則聽起來像是安東尼在別人答錄機留下語音訊息的廣告。在該廣告裡，他解釋了到底是什麼讓他對於太陽能產業的錯誤資訊感到惱火，並表示會致力於解決這個問題。

2. **吸引力**：廣告的配音不會找像某個老派天氣預報用「今

---

21. 關於此故事的近況發展：安東尼非常巧妙運用債務槓桿，已消除公司的所有借貸。他現在很少借款，只有在他能將貸款變成一大筆錢時才會這麼做。大多數時候，當他進行大宗購買時，才會從自己的現金預備金裡面提領。

22. 如果你有興趣子加入我們的智囊團，歡迎造訪 https://mikemichalowicz.com/masterminds/

天最好攜帶雨具」的嗓音來唸稿，而是安東尼親自上陣，自然且真實。我們推測聽眾更容易被真誠打動，而非天花亂墜的宣傳。

3. **指示**：安東尼沒有讓聽眾直接去他現有的網站，而是先為該廣告設計一個單頁式網站，並指示聽眾去造訪網站。[23] 這個廣告的專屬網站是追蹤廣播廣告有效性的關鍵。

　　安東尼似乎迫不及待想趕快開始，但幾週過去，我依然沒有聽到他的最新進展。於是我傳訊息告訴他，我很想知道他的電台廣告結果如何，問他能不能把廣告寄給我看看。他寄來以後，我嘆了一口氣。

　　還是老掉牙的宣傳廣告，搭配一成不變的俗氣音樂。他絕不可能靠這支廣告贏得瞬間行銷的機會。我必須承認，我暫時被打敗了。我可以讓客戶、同事和觀眾滿腔熱情去嘗試別出新裁的行銷手法，但大多數人都沒有堅持到底。真的令我傷心不已，因為我確定這對他們會有很大的不同。我想**鼓舞**他們去「冒險」。

　　安東尼明明辦得到。我非常肯定。只需要再試試看，讓他再試一次。

---

23. 可以在 https://gogetdifferent.com/ 查看安東尼的完整計畫、廣播腳本以及他的網站截圖。

「老兄啊，這不是我們所想的。」我跟他說：「你需要一些東西來展現自己，安東尼，那個只是試圖幫忙的朋友和鄰居。」

安東尼嘆口氣。「我知道。離開構思會議後，我超興奮的，心想，『我一定要來執行這個點子』。我按照我們討論的內容寫完稿子，但準備錄製時，我卻做不到。聽起來太不自然。所以，嘗試多次後，我就放棄了。廣告沒有完成。」

「聽著，我們要再錄一支。」我跟他說：「你願意按照我們最初討論的方式執行嗎？」

他回來了。

為讓稿子聽起來更接近他現實生活中的講話口吻，安東尼對稿子進行些微調整，然後把自己關在小房間，手機靠著單邊耳朵，麥克風對準嘴巴，大概錄了一百次的語音留言。這個語調和他錄製的所有其他廣告都不一樣，他努力跳脫舒適圈，把事情做好。

安東尼花了一百多次才讓自己聲音聽起來不那麼像廣告、更像自己在說話，是不是很有趣？我要特別強調這點，這樣你才不會忘記消除藏在你體內那個俗氣、穿雨鞋的天氣預報員。這就是企業老闆久而久之會發生的狀況；我們學習如何像其他企業老闆那樣講話、儀表和行為，結果變得很難做自己。

安東尼把廣告交給電台時，對方勸他修改一下。「他們打給我說，『我們可不可以免費幫你修改？』因為他們想讓它聽起來比較像正常廣告一點。我回答不必了，這就是我們正在做的，因為我們正在進行測試。很酷！」

電台還試圖讓安東尼更改他為測試設計的網站。他們納悶，為什麼他要把流量導到一個只有影片和手機號碼的網站，沒有開發潛在客戶的表格。他的行銷概念完全超出他們的想像，甚至讓主動提議要免費幫他「修改」。這就是他們面對不同想法時的感覺有多麼不舒服。

即使安東尼告訴他們不要更改他的廣告，他們仍加入語音信箱的鈴聲，做了一些修改讓該廣告變得「精美」——與我們提出的獨特行銷概念完全相反。安東尼拒絕這個改良後的新版本。

「他們說，『所以，你不要背景音樂，不要我們剪輯，也不想要任何音效』，我回答，『別動它就是了』。」

該廣告週一上線，但直到週五才全面推出，所以只播了幾次。儘管如此，安東尼還是馬上收到回應——一天之內，就有兩個新的潛在客戶。接著，收到越來越多回應。當時他發訊息給我說：「成功了！」——還配了一張貼切的 GIF 圖檔。

「我太震驚了。」安東尼說。

我反而沒那麼驚訝，因為我知道「與眾不同」的行銷很有效。你只要進行實驗。

　　當我問安東尼，這次實驗可能會如何改變他未來的行銷路線，他說：「我一直對於業務的行銷方面很有自信，但我以前從來沒有花那麼多精力去思考。不會去問『這個會有所不同嗎？』『這個會吸引我的理想顧客嗎？』『怎樣才能讓別人採取具體行動？』現在我明白行銷必須與眾不同，也必須做我自己。我不想偽裝成任何事物。我希望能反映出我的個性。」

　　現在，安東尼正在檢視自己行銷的各個層面，無論從社交媒體到社群參與。他會思考那些關鍵問題，即 DAD 行銷架構的要素。

　　如果你還是沒有搞懂這點，那麼你所面臨的最大挑戰不是提出想法，而是執行想法。行銷大師兼作家賽斯・高汀將這種心理狀態稱為「低谷」（the dip），發生在你提出想法且躍躍欲試之後，你感到熱情減退，並開始懷疑自己。我的意思是，「與眾不同實驗」將幫助你迅速走出低谷，因為它們不是需要經過數月計畫才能執行的大型行銷計畫。進行實驗時，你可以快速嘗試，也會失敗或迅速發現有潛力的事物。快速實驗，但不必急於速成。如同泰德的實驗，行銷的本質需要潛在客戶花更長時間來遵循「指示」。現在就開始

你的下一個「與眾不同實驗」吧！如果你發現自己仍然需要有人輕推一把，這裡有些建議可以幫助你前進：

1. **跟別人一起做實驗**。因為我們害怕被業界排擠，所以另外設立一個新的「與眾不同的實踐家」團體來打擊這種現象，並採問責制。或像是第七感事務所（Mindsight PLLC）的凱伊・康普頓（Kasey Compton）加入一個由八名心理健康專家組成的團隊，大家在嘗試新事物時會相互支持，他們大多數人都想增加自己的潛在客戶流量，也已實施一些特別的行銷想法。辛巴利亞（Cymbria）發起「COVID SUCKS」的活動。海瑟（Heather）和她的狗兒在 TikTok 開設心理健康課程。凱伊嘗試反向塗鴉 [24]。你們已經知道這個團體的一個成功案例：鄂納斯汀娜・沛雷斯的《到美國結婚去》的影音實驗，我在第四章分享過。

2. **趕快行動**。給自己思考的時間越多，就越不可能去做。我寧願你做一個失敗、半途而廢的實驗，也不願看你空有一個可能成功卻從未執行的實驗。我並不是要你在「與眾不同實驗」偷工減料，那樣會大幅增加失敗的風險，進而打擊你的信心。我只是要說，不成熟的想法還是想

---

24. 編按：reverse graffiti，是在均勻布滿髒汙、青苔的牆壁或地面鋪上模板，再以高壓水柱清洗鏤空處就能完成圖案，以結果而言非塗鴉僅是「清潔環境」。

法，如果你一直等待完美的想法出現，那我們現在正遭受最大的損失：浪費時間。行動總是好過完美計畫。

3. 從你的新奇想法中**最小、最簡單的元素**開始發展。記住賈斯汀・懷斯的建議，把每個步驟拆解開來，這樣你今天就能完成第一步。

4. **把恐懼轉向自身**。與其陷入消極的「要是……該怎麼辦」，擔心這樣做會發生什麼事，不如問自己，「不做的代價是什麼？」

5. 而且，如果你想**確定**你的「與眾不同行銷」做得沒錯，可以到 https://differentcompany.co 網站上查看我們的服務。

　　在帕羅奧圖（Palo Alto）的 Y Combinator 新創學院（Startup School），Facebook 創辦人馬克・祖克柏（Mark Zuckerberg）曾對一群年輕創業家說：「在一個瞬息萬變的世界，唯一保證失敗的策略就是不冒險。」行銷就是要快速、小規模的失敗，讓你迅速找到有效的方法。在高度目標行銷中，預估每一次成功會有十次失敗；而在更大規模、更低成

本的行銷中，預估每一次成功就有一百次或一千次失敗。老實說，一個廣告牌可能錯過五十萬次，只有一次打動消費者，但仍然值得嘗試。除非你去試試看，否則不會知道最後能達到什麼樣的成功，所以，趕緊去做，不必追求計畫完美。你很快就會發現你出奇制勝的方法是否奏效，因為你會堅持到底。朋友，我相信你。

>>>> 輪到你了

　　放手去做吧。看在上帝的份上，不要等到一切條件完美才要行動。天下沒有十全十美的事。在今天結束以前，計劃好你的第一個「與眾不同實驗」，邁出你清單上的第一步，並且持續前進。如果你底下有個團隊或助理，把清單傳給他們，讓他們去執行。如果你說現在太晚了，那你就是在騙我（還有騙你自己），因為現在你正在看這本書。趕快執行下一步，立刻！

　　如果你依然停滯不前，或只是繼續閱讀而不做作業，我現在就給你四個點子，你必須選一個來做；每一個都不用花到五分鐘就能搞定。這些點子可能和你平常做得不同，但這些想法將強化你的「與眾不同實踐家」實力。

　　準備好了嗎？

1.　找一張空白、標準尺寸的影印紙。用麥克筆寫信給一百個潛在目標客戶，內容寫下：「我知道你不認識我，但我今天想到你。我只是對你在生意上取得的成就印象深刻。祝你繼續成功。」在紙張最後寫上你的名字和手機號碼。還要注意，你讚美他們的話必須發自內心。如果他們沒有自己的事業，就不要寫什麼「你

在生意上取得的成就印象深刻」，寫一些與他們相關且對你而言真實的內容。

2. 錄製一段影片，講和選項一相同的內容。你可以使用智慧型手機或線上軟體製作，然後把影片寄給你的潛在客戶，並在標題欄位寫「我錄製一段私人影片要給你（我發誓）」。

3. 確定一百個潛在目標後，找出他們個人喜歡或與之相關的東西，線上簡歷或社交媒體頁面通常會有你需要的內容。然後寄一份與他們喜好相關的禮物，並附上一張紙條：「我注意到你很喜歡〔他們感興趣的領域〕，我知道這樣很突然，但我不能錯過把這個寄給你。好好享用！」在紙張最後寫上你的名字和手機號碼。如果你想開發我這個客戶，你馬上就會發現我喜歡維吉尼亞理工學院美式足球隊、八〇年代的髮帶、以及和我的狗健行。所以，一張寫著「我注意到你很喜歡與狗健行」的紙條和當作禮物的維吉尼亞理工學院狗項圈，會引起我的注意。

4. 拿起電話，打過去。只要對語音信箱說：「嗨，我是〔你

的名字〕。我很欣賞你的事業和作為。老實說，你會是我的理想客戶。我想聯繫你，跟你說一下，若你願意的話，我將盡全力提供你前所未有的〔經驗／服務／產品〕。我的公司是〔你的公司名稱〕。我的電話是〔手機號碼〕。請撥打電話或傳簡訊給我，我們可以聊一聊。萬分感謝。」如果你對這種行銷方式感到害怕，只要記得，99.9％的情況是你會打到語音信箱，剩下的 0.1％的情況是打中商機。

好，就是這樣。現在你可以進行你自己的「與眾不同實驗」；或者，你也可以從我上面分享的四個想法中挑選一個。無論如何，你現在必須做一個實驗。

請務必到 https://gogetdifferent.com/ 網站下載「與眾不同實驗表單」，叛逆的人可以找張白紙來用。遵循上面列出的步驟，並重複整個流程。

輪到我了

我不確定你是否和我一樣為此刻感到興奮。是時候揭曉謎底了──前面提過，我用樹形書架來進行實驗。以下是我記錄的內容。你猜得到我的評估結果是什麼嗎？

步驟四：測量	預期目標	實際成果
	開始日期：＿＿＿＿＿＿	結束日期：＿＿＿＿＿＿
	預期潛在客戶人數：＿＿＿	實際潛在客戶人數：＿＿＿
	預期回報：＿＿＿＿＿＿	實際回報：＿＿＿＿＿＿
	預期投資額：＿＿＿＿＿	實際投資額：＿＿＿＿＿

觀察：				
評估結果 {	擴充＆追蹤 作為可持續 發展的策略	再測 測試新樣本	改良 改善後再測	放棄 重啟另個 新實驗

步驟四：測量──與眾不同實驗的第四階段，也是最後的階段
在此設定行銷目的，再與實際成果進行比較，並決定如何進行下去

預期目的：

- **開始日期**：2020 年 3 月 29 日
- **預期潛在客戶人數**：2,000 人（每週 250 人）
- **預期回報**：新書銷量 400 本
- **預期投資**：購入書架／書架隔板的一次性費用 $1,750 美元
- **表單背面備註**：我原本預估這個書架是 $1,200 美元。但這個空間最好的尺寸要 $1,725 美元。書架隔板約 $25 美元。

實際成果：

- **結束日期**：2020 年 5 月 24 日
- **實際潛在客戶人數**：4,000 人（每週 500 人）
- **實際回報**：有紀錄的是 516 本（可能更多？）
- **實際投資**：一次性費用 $2,200 美元（也需要燈光照明）
- **觀察**：由於 COVID-19 疫情大流行，透過影片進行實際簡報的情況急遽增加。流量轉換率比預期低，但隨著我改良訴求後，轉換率便增加了。把訴求改成購買本書就是對我的支持；擷取影片聊天內容，看看觀眾說些什麼。在介紹過程提到樹

形書架，重複強調他們已經看到的東西。

- **評估結果**：改善後再測。這個調整只是讓訴求有個人的正當理由，而不只是有利於潛在客戶。

　　你猜到評估結果了嗎？第一次就成功的情況很少。事實上，這個實驗比我大多數的實驗成果好得多；我這次比平常得到更多的初步成功。嗚呼！而且，經過些微的調整，我能夠讓 23％ 的直播觀眾因為這顆樹，當場（在主持人許可的情況下）就購買我的書。現在，這是我標準的行銷模式，直到其他人開始模仿並淡化獨特性為止。不過沒關係，我已經開始進行其他實驗，我想我已經有一些能讓更多書銷出去的辦法。

第八章

如何知道是否有效？

「該相信的是荷包，不是諾言。」

我在拓展奧梅克系統公司的業務時，心中有一大堆「很棒的主意」——沒人想要的。很多人告訴我，他們喜歡我的新產品，最要好的朋友也說喜歡我的新方法。當我詢問大家關於正在開發的新產品時，他們都說：「我願意馬上去買。」但等到該付錢的時候，這些人卻沒有兌現諾言——大家就是不買單，我的挫折感達到了極點。我有一個很棒的主意。別忘了，他們都說過很想要！我到底做錯了什麼？

我問我的創業導師法蘭克·米努托洛（Frank Minutolo）應該怎麼做。他就是在那時候跟我分享這句至理名言，我至今銘記在心。**該相信的是荷包，不是諾言**。雖然我仍會找尋方向與反饋意見，仍會傾聽別人的心聲；但現在，我已經知道我太偏袒自己的靈感。而且聽著，大多數人都是這樣。

當別人和你說了一些自以為你想聽的話時，他們並不是要擾亂你，而是以為那樣是在鼓勵你。但別自欺欺人了。「我願意馬上去買」這句話不代表那人真的會買你的產品，它真

正的含意是：「我想讓你喜歡我。」不過，更重要的是，人們還是希望儘量避免衝突，他們不想與你爭辯或傷害你的感情。所以，潛在客戶、朋友、消費者、連同事最後都會告訴你那是「好主意」，可是那真的、真的不是。即使絕對不會消費，他們還是會說「我會買」。

於是我開始測試自己的想法，以<u>實際</u>利益判斷利益，以<u>實際</u>需求判斷需求、以<u>實際</u>付款決定客人是否願意為某事物掏錢出來。當某個新產品想法顯然不可行、或者某種新行銷方式明顯不管用時，我就會果斷放棄，替自己省去一大堆麻煩和資源浪費。

我總是聽從法蘭克的忠告嗎？當然不是。有時候，我對自己想出來的「絕妙點子」的熱情會壓過理智，忘記相信荷包，反倒輕信他人所說的屁話。就愛之語[25]而言，我是個十足「肯定言詞」類型的人，所以如果有人對我的瘋狂想法給予好評，我很有可能迷上對方。我研發、執行、花費，知道接下來這個東西將成為大熱門，但我<u>不曉得現實情況</u>。言語並不值錢，只有在我讓客人掏錢來買的時候，我才會真正曉得我是否擁有令人嚮往的東西。

你只聽你想聽的，而且信以為真，因為你的閨蜜或兄弟這樣跟你說。當你相信別人的話語勝過荷包，就容易把資源耗費在一個即使有也很少人真正想要的點子、產品或服務

---

25. 如果你不曉得蓋瑞・巧門（Gary Chapman）所著的《愛之語》（The 5 Love Languages），我建議你馬上去讀。本書將幫助你進行各種形式的溝通，包括與親人、同事及潛在客戶的溝通。

上。為防範這種情況發生，請衡量實際行動狀況。

在本章中，你將學習如何追蹤你的行銷實驗，看看你是否可以立刻推出、還是需要改良；抑或是你該完全放棄，因為它是巨大的失敗。

陌生人喜歡你的產品嗎？

我覺得有必要對「荷包勝過言語」的策略進行限定：朋友來買的不算。他們想支持你，想看到你成功；更重要的是，他們真心想繼續當你的朋友，這表示他們不會做任何傷害你感情的事，所以，他們說出你想聽的話，同時打開他們的荷包，進行必要的投資來維持關係和諧與友誼，而非真的想要你賣的東西。

我朋友傑登（Jayden）以製作漢堡大小的手工肉丸聞名。他每次聚餐都會帶肉丸出席，每次由他主辦的派對都會提供肉丸。有一天，他跟我們一群人說：「嘿，我考慮販售傑登的大男孩肉丸。我在家裡做的時候每個人都很喜歡，所以我打算擺去超市賣。」

當然，在場每個人都說：「真是個好主意！」那種迷惑、危險的「如果我開超市，絕對跟你家肉丸進貨」之類讚賞之詞不絕於耳。傑登犯下的第一個錯誤就是在「如果我……」

假說光環的支持下，誤信了那種異口同聲的認同。

獲得友人們的鼓舞後，他租下一間商用廚房，買進食材和配料，投入五千美元，做出兩百顆肉丸，結果味道卻不太對。事實證明，在家裡做幾顆肉丸不能按比例擴大到在商用廚房量產。於是傑登更改食譜，投入資金改良製作過程，等到他終於滿意做出一顆可以在超市買到的好吃肉丸時，又回來讓我們這群人試吃。他問我們喜不喜歡，每個人都給予正面評價。「有家的味道」、「超愛！」以及「太棒了，傑登」。

接著傑登問他朋友願不願意買肉丸。同樣的，他只收到正面回饋。「一定買！」、「當然會呀！」和「那還用問嗎！」。

隨著肉丸數量的變化，食譜配方也不斷改變。傑登又花了五千美元進行更多的測試和包裝樣品，然後拿回來給我們看。這一次，他請我們購買肉丸。每個人都花六十塊美金買個幾包。傑登非常激動，因為他在三十分鐘內的銷售收入比一天的工作收入還多，所以他把全部籌碼都押在上面。

朋友們喜歡他的肉丸。朋友們都買了他的肉丸。

看來，他的肉丸生意將大獲成功。

但嗓音低沉的電影旁白說：「他錯了，大錯特錯。」

你是精明能幹的企業老闆；你看得出來接下來會發生什麼，對吧？

傑登後來辭掉工作，找到一間月租型的商用廚房。他投資購入需要的器具：大鍋子、更大的攪拌棒；他租下兩台大型冰箱，安裝一排爐子。他辛辛苦苦完成檢驗，調整了真空密封包裝，日以繼夜的工作，努力把他的肉丸推向市場。

　　經過兩個月的時間，投入七萬五千美元之後，他準備上市了。第一批肉丸從生產線下來──兩千四百個特大號肉丸，每包十二顆裝。他大膽前往超市和餐廳尋找買家，但電影旁白再次響起：沒有人想買。他的會議一場接著一場開，但即使品嘗過肉丸，別人也總是回絕。

　　在走投無路的時候，他回到我們身邊、回到他的朋友們身邊，然後說：「我多做了包裝，有誰想買？」這一次，他聽到了不同的評論。「我還有剩」、「抱歉啦老兄，我現在有點胖」和「我想等到假期再買」。

　　傑登沒有氣餒，而是更加努力。他去問更多的店家、更多的餐廳。儘管如此，還是沒人想買他的肉丸。他確實說服在地的超市接受幾包寄賣，但四週只賣掉了三包。

　　在第一次問朋友覺得經營肉丸生意的想法如何的九十天後，他花光了畢生積蓄，傑登不得不接受自己已經失敗的事實。經商的美夢破滅，因為他把賭注全押在朋友的回饋上。他的「證據」根本不是證據。

　　順便說一句，我是少數持反對意見的人。我說，誰會買

十二顆漢堡大小的肉丸？我為我們一家五口做飯時，如果打算吃隔夜菜，我們可能頂多需要八顆肉丸。但十二顆？無論有多好吃，全世界誰會願意花三十多塊美金買一大包肉丸呢？

傑登沒有通過「指示」階段（DAD 行銷架構的第二個 D）。他的訴求太多、太早。販售兩顆裝大男孩肉丸，或者三顆裝也行，但十二顆？不必了。事實上，我在網路隨便搜尋一下，問「十二顆裝肉丸的成本是多少？而 Google 的搜尋結果是「搞什麼鬼？誰會買這個？」然後整個網路癱瘓。

拜託，別指望那些愛你的人所給的好評。他們跟你買東西的話就當作捐贈，而不是他們真心喜歡你的東西的證據。認識的人說你的行銷很好，那是他們看不到自己的偏見，他們喜歡你、或不想冒犯你、或兩者兼有。真理總是來自陌生人。讓那些不認識你、不在乎你感受的陌生人採取你想要的行動，只有那個時候，你才會知道自己擁有什麼。讓陌生人去購買。這才是證據。

確認你的行銷想法是否有效，可以透過預先向目標客戶（例如陌生人）收款。如收到訂金、甚至是全額款項。如果客人不願意付錢，你從他們的行為就可得知，他們看不到你產品的價值。當然，從信任的人那裡獲得對於自己想法的回饋是很好，但前提他們也要願意分享殘酷的事實，而不是善

意的謊言。因為如果你信任的人跟你說些好聽的謊言，你猜會怎樣？你不能信任他們。

即使你的行銷引導客人逐步達成最終銷售，你也可以透過「貨幣」交換來測試水溫。如果你要提供免費的 PDF，請勿隨意發送，要求陌生人提供一些東西來交換——像是電子郵件、電話號碼、一塊美金。你可以透過與陌生人的貨幣交換來了解實際情況。詢問朋友時會有完全不同層次的考量和困惑：你們之間的友誼、社交風度、以及經常聽到你想聽而不是你需要聽的意見。

馬上測試

一月十三日，星期一，奧斯汀 · 卡普（Austin Karp）提出一個行銷點子。

一月十四日，星期二，奧斯汀的點子已經開始運作。

成為薩凡納香蕉隊實習生的第一天，奧斯汀在他們腦力激盪週會上舉手發問：「如果我們打電話給顧客感謝他們購票時，用 Rap 唱給他們聽，怎麼樣？」

自從他們取得經營權以來，薩凡納香蕉隊都會打電話給顧客，感謝他們購買門票——沒錯，打電話給每一個人。這就是「與眾不同」應用到客戶服務上面。

現在還會親自打好幾通電話的傑西回答：「很有意思的想法，繼續講。」

他沒有說「我們討論看看」。

他沒有說「好，但是……」。

他沒有說「好吧，誰想去做？」留下一陣冰冷的沉默。

傑西在腦中快速進行了 DAD 測試。

一通電話或語音留言，唱 Rap？差異化測試，通過。

客人會以為這是最新的奈及利亞王子詐騙手法嗎？可能不會。

收到一則訊息說：「這是薩凡納香蕉隊來電，感謝購票，我們要唱一小段 Rap 給您……」很吸引人、有趣、而且夠怪，讓人興起好奇心。吸引測試，可能會通過。

目標是讓人迫不及待去看比賽。一首感謝的饒舌歌曲不太可能讓人後悔購票，反而可能使人對於即將在棒球場體驗的樂趣感到興奮。顧客可能會有的行動：到場觀看。指示測試，通過。

傑西知道「與眾不同」行銷的祕訣，就是每次都問：「有通過 DAD 行銷架構嗎？」並且要盡快行動，這樣你才能知道這個想法是否值得花時間去做。不要陷入糾結。迅速進行測試，數據會說明它的有效性。DAD 行銷架構對你來說是新事物，所以剛開始你可能需要花幾分鐘時間來整理，然後

決定到底是做還是不做。傑西把這個時間縮短到幾秒內——只要練習，你也能做得到。所以，這個想法提出後不到十秒，他們就決定進行「感謝購票 Rap」測試。

「但是……我不唱歌的。」奧斯汀回答：「我真的不擅長饒舌。喜歡，但非常笨拙。」

傑西咧嘴一笑：「這樣更好。你現在是尷尬的饒舌歌手奧斯汀。」

在薩凡納香蕉隊的腦力激盪會議上，目標是二十四小時內履行想法。只有二十四小時——我的朋友。從概念到積極實踐，中間只有一晚的睡眠（或灌下五瓶 Red Bulls 能量飲）。傑西知道坐而言不如起而行，空談不如實證——門票與周邊商品的銷售。他希望想法第二天就動起來，讓他可以從**實際顧客**那裡了解這個創意是否可行。於是他搜集數據，假如測試成功，就可以擴大實施；假如失敗，也沒什麼大不了的，他就會知道這個創意沒效，然後開始研究其他想法，進行其他測試。

傑西解釋：「傳統構思與創新腦力激盪的問題在於，想出來之後就停擺。沒有人出來領導，沒有人採取行動。只是和其他無數早被遺忘的『偉大』想法一起束之高閣。想法只有在付諸實現後，才會偉大。」

根據傑西的說法，薩凡納香蕉隊有一條規則：「誰發想

的創意就誰的，除非其他人提出應該歸他們所有的理由，否則創意在首次推出時就屬於發想人的。」不過，雖然發想人可能會率領團隊執行自己的專案項目，但成敗不只他們的責任——整個團隊都需要做出改變。傑西的目標是讓每個人都參與，建立他們的「與眾不同」行銷實力。

奧斯汀在提出想法的第二天早上，就打了他的第一通感謝購票 Rap 電話。有些人聽完哈哈大笑，另一些人把他們的饒舌語音留言播給朋友聽，甚至有位粉絲還以饒舌回敬。重點是——它讓人們感興趣。雖然不是什麼大事，但是，哪個有自尊心的薩凡納香蕉隊粉絲、所有搞笑蠢事的超級愛好者，不會想聽一位尷尬的實習生用笨拙尷尬的口吻唱完 RAP 呢？

傑西告訴我，他們現在接下來的賽季讓全體票務人員都以饒舌表達謝意。奧斯汀的獨特行銷方法已通過「與眾不同的實驗表單」，現在蓋上「擴充＆追蹤」的戳章。換句話說，尷尬的 Rap 致謝成為香蕉隊行銷規畫的一部分。由於他們本來就會親自打電話給購票者，所以預估成本每通電話增加不到十秒的時間。至於回報，雖然難以靠銷售額或販賣部的消費來衡量，但可以從社群媒體出現許多關於 Rap 的致謝貼文來看，已經引起更多粉絲跟自己的朋友討論香蕉隊。肺炎疫情期間不算，香蕉隊每個賽季門票都銷售一空。

你大概聽過這句格言:「猶豫不決的人必失良機。」讓它變得現代化一點:**我們**這些猶豫不絕的人會錯失良機。因為我們已經迷失在一成不變的大海中、迷失在好的構想和好的意圖都會死亡的煉獄中、迷失在創業貧窮的困境之中。所以,不要優柔寡斷,趕快行動起來,開啟你的下一個「與眾不同實驗」。挑戰你自己(或你的團隊),在二十四小時內展開行動。或者,如果你需要更多時間來收集資源、或做點東西、或其他什麼準備,那就給自己一個星期的時間。不能再多了。馬上測試。快速測試。

我為這本書研究了十多年,得到的回饋清楚明瞭。傑夫・沃克、傑西・柯爾、鄂納斯汀娜・沛雷斯、安東尼・西卡利、凱西・安東、蓋布瑞・皮尼亞,以及每個經證實是行銷天才的人都會這樣做:他們快速檢驗想法,以快速確認想法是否有效。他們知道風險在於不去執行、空談假設、依賴他人建議和觀點而非實際結果,所以不會胡搞瞎搞。他們會建立測試,然後完成測試。你也必須這樣做。

行銷的 OMEN 方法

這種追蹤「與眾不同實驗」成果的方法聽起來有點陰險——好啦,聽起來是很不吉利——但實際上它只是一個縮

寫。我在《搞定下個問題》一書中首次介紹了 OMEN[26] 的方法，它可以幫助你確定哪些重大變化會真正提升業績表現。

OMEN 拆解如下：

1. **目標（Objective）**。預期的結果是什麼？例如，你想要更多的優質顧客嗎？你希望電子報或社群媒體頻道增加新的訂閱者嗎？你希望大家幫你宣傳你的產品嗎？記住，行銷的「勝利」是指你追求的最終結果。不過，有時候達到「勝利」需要經過幾個步驟，你必須「指示」你的潛在客戶採取單一具體行動，而不是一連串的行動。你實驗的「目標」就是促使你走向「勝利」的第一步。

2. **測量標準（Measurements）**。成功的結果定義是什麼？例如，你需要每週有十位花費至少五百美元的新客戶嗎？你希望增加五十位新的訂閱者嗎？你希望有一千人來推廣你的產品嗎？

3. **評估頻率（Evaluation Frequency）**。多久測量一次進度？大多數企業老闆很擅長設定「目標」和「測量標準」，但「設定完就忘記」。他們往往確定一個目標，繼續進行日常的工作，幾個月後才意識到已經偏離軌道。

---

26. 譯注：omen 在英文裡指「徵兆」。

「喔對了，上次那個項目怎麼樣了？」這就像你說今年目標是減掉十磅，結果新的一年來臨，你卻發現實際上多了五磅。讓你的進度檢查成為行程表的既定活動。列入行程來追蹤。

4. **培養（Nurture）**。你會如何重新評估你的設置？檢查自己進度時，可以做些什麼來改善結果？你設定的「目標」與「測量標準」正確嗎？隨著時間越久，你在評估自己進度時，是否看到需要改變、調整、強化或放棄的部分？進行這些更改並繼續進行。

　　羅賓 · 羅比斯（Robin Robins）是我見過最令人欽佩的一位行銷人員。連她的名字也堪稱行銷天才的傑作，讓人容易記住，也容易勾起別人的好奇心。幹得好，羅賓。幹得好。

　　對羅賓來說，改變行銷策略很簡單，只是把你在別人桌上看到的商業名牌加到虛擬桌面。她設計了一套名為「震驚與敬畏」的行銷程式。在開發過程中，她建立一項實驗，幫每位潛在目標客戶客製網頁。首先，他們會收到實體信，獲邀造訪一個專為他們打造的網頁。等到他們進入該網站，裡面有張虛擬辦公桌，上頭有電話、平板電腦、名片——全部

你在實際辦公桌會看到的標準配備都有。

實驗結果並不理想。潛在客戶雖然進入這個頁面，但最後沒有轉換成她想要的客戶諮詢。不過，羅賓是眾所皆知「堅持不懈的紅髮女」，因為她留有一頭紅髮且從不放棄。她請網頁設計師在螢幕正上方加一個名牌，用粗體大號字母寫著潛在客戶的名字──極致個性化的表現。這就是如何培養「與眾不同」行銷的方法。羅賓就是靠這招將網頁轉換率提高到 200％以上。

記住，不要以為你通過「與眾不同實驗」，就認定這個想法完美無缺。注意別人的行動，拿來與你的「目標」和「測量標準」進行比較，並適時調整。

在《搞定下個問題》一書中，我解釋過，企業和人類一樣也有需求層次。在能夠考慮滿足感之前，我們要先確認自己能夠正常呼吸、沒有挨餓、生命安全無虞。對企業來說，第一層基本需求是銷售──沒有收益，我們就一無所有，而銷售就從行銷開始。換句話說，行銷很重要，非常重要。所以請你，拜託你，求你，將設定你的指標集中在推動銷售的行銷上面。

布沙拉・阿札爾（Bushra Azhar）是說服策略師，也是我認識的最真實、最與眾不同的行銷人士之一，她說：「你的生意是靠銷售運作的。不是靠按讚、不是靠球迷、不是靠

追隨者、不是靠電子郵件、這些都不是──只有銷售。所以，每天都要行銷。帶著自豪感行銷，以誠信來行銷，滿懷熱情去行銷。把行銷越做越好。製作大量的產品，貫徹到底，輕推客人，提醒他們可能會錯過什麼，彷彿你的生意取決於行銷一樣去行銷。因為事實就是如此。」你的事業取決於銷售，而你的銷售取決於行銷，所以我們來確認你的「與眾不同實驗」有滿足這個至關重要的需求。

找出你行銷的那把鑰匙

直銷人員使用了一種所有人都該使用的技術：那把鑰匙。針對每個行銷活動，他們都插入一個獨特且可追蹤的行動，而不是適用於所有活動的行動。舉例來說，假設你希望別人購買你的產品來幫助他們戒掉電子菸，你傳送兩封不同的郵件：第一封內容是嬰兒抽雪茄的照片，搭配文字敘述「抽電子菸更糟，去 stopvapingfast.com 網站看看」；第二封內容是滿臉皺紋的老婦人抽電子菸的照片，照片寫著「莎拉二十二歲！去 neverevervape.com 網站看看」。

請注意，每個廣告都指示民眾前往網站獲取更多資訊，但這些廣告都有不同的鑰匙──即不同的網址。一個是 stopvapingfast.com，另一個是 neverevervape.com。透

過追蹤每個網站的點擊數，你就可以知道哪個廣告效果最好——這就是鑰匙的使用，每個行銷活動都可以清楚測量，因為網站與一個特定的「指示」綁在一起，潛在客戶甚至，不對，特別是潛在客戶沒有意識到那把鑰匙。

還記得我朋友安東尼・西卡利的電台廣告嗎？他透過把民眾送到 solaranthony.com 網站，在那則電台廣告中設置了一把鑰匙。因為只有一個引導民眾造訪網站的廣告，所以他可以直接衡量廣告的效果。簡單！

你需要知道什麼有效、什麼無效，所以盡可能在你的行銷中加入一把鑰匙，這樣就可以輕鬆追蹤你行銷所帶來的效果。你可以使用不同的網站和電話號碼、不同分機的電話號碼、不同「套房」編號的郵件地址、獨特的優惠券代碼等鑰匙。即使你的指示是要求民眾親自到某個地方，你也可以根據廣告改變會面地點，看看哪個管用。假設你希望找一群人去當地公園參加一個活動，你有三種不同的行銷實驗想測試，可以針對每種實驗在公園設定不同的會面地點——入口、涼亭、池塘。然後追蹤每個地點分別有多少人出現。這樣就能知道哪個廣告最能吸引民眾來參加你的活動。

假如你以前從未使用過鑰匙，那你得知道它們早應用在你身上過。你有沒有聽過電台廣告或播客廣告以「只要你是喬介紹來的，打九折」作結？喬就是一把鑰匙。安東尼・

西卡利的廣告專屬網站也是一把鑰匙。

有沒有看過，你瀏覽的每個網站都彈出同樣的廣告？那把鑰匙叫作 cookie。當你在查看那輛新車或其他商品時，那把鑰匙插在你的電腦上。現在廣告商知道哪個網站會引起你的興趣，他們利用這個 cookie 不斷把廣告推到你面前。鑰匙是用來了解哪些行銷會引起你潛在客戶的興趣，這樣一來，你可以利用這些數據來對其他潛在客戶操作更好的行銷，並提高轉換率。你對潛在客戶了解得越多，越容易把產品銷售給他們。你越了解他們的來源，就越容易了解你的潛在客戶，並且利用這點來發揮你的行銷優勢。那把鑰匙就是關鍵。

傑森・艾佛森（Jason Iverson）的第一次「與眾不同實驗」以失敗收場。艾佛森是加州沙加緬度（Sacramento）男士理髮店（Barber Shop）的老闆，他和美容美髮業界的許多人一樣，在 COVID-19 疫情封城期間，業績大幅下滑。即使解除封城、獲准重新營業以後，生意依然下降了 30％。現在很多民眾居家工作，所以下班回家路上順道去理髮店的情形並不多；還有一些人學會如何自己理髮，這樣他們就可以待在家裡、或者讓家人替他們理髮。傑森幾乎付不出基本

開銷，每週需要二十到三十位新客戶才能回到正軌。

他嘗試了一個「與眾不同實驗」，以一個似乎沒人願意迎合的目標族群為主──斯巴達障礙路跑賽（Spartan Race）的參加者。你見過這些人嗎？他們是硬漢、每個競走者羨慕的對象。傑森注意到，斯巴達的參賽者會在週六比賽前的週五，到他的理髮店剪個莫霍克頭（Mohawk），然後週日再回店裡修剪，以備週一上班。所以傑森與健身房老闆合作，嘗試店家互惠，傑森的店和健身房兩邊的客人可享打折優惠──結果沒人響應。他試圖替特別的「私房」髮型貼上「斯巴達刺蝟頭」的標籤，並邀請合作的健身房老闆分享這個獨家優惠方案，讓健身房會員有種優越、重要及特別的感覺，只有加入健身房會員才能享有，但還是沒人響應。如果不是因為疫情，我會建議他繼續調整這個實驗，因為他已經有證據表明客人想要理髮；但他無法克服的問題是，斯巴達路跑能否順利舉辦的不確定性。

許多人走到這裡會放棄，恢復平庸的行銷方式，但傑森不是。他失敗後又重頭開始。這次他決定嘗試不同族群──鎖定想要理髮、但非常擔心感染 COVID-19、害怕傳染給親友的人。傑森很理解那種恐懼。他在照顧他的母親時也知道，一旦她感染這種病毒，有容易出現併發症的嚴重風險。因此，他在自己理髮店實施額外的防疫規範，超出法律要求的範

圍。傑森製作了一段影片,解釋這些規範和他使用的醫療等級清潔與消毒噴劑和產品,並說明客人與工作團隊的健康是他的優先考量。他不僅推廣俐落的剪髮,更提倡乾淨俐落的剪髮。

這一回,成功了。在幾天之內,他接到三個安排預約的詢問。他也注意到,既有客戶彼此會積極討論艾佛森理髮店所採取的防疫措施。這表示同樣的對話也可能出現在朋友之間。

失敗乃兵家常事。這是行銷的自然法則,也是你成功的關鍵。因為失敗代表你試過。連試都沒試,代表你還沒開始就停滯不前。同樣的,小幅成長也是常態。最終,點滴累積會帶來巨大的成功。

傑森沒有讓人排隊等著進去,保持六英尺的社交距離。他的新作法在短短幾天內就產生三位新客人。雖然新的行銷想法沒有讓他打出全壘打,但他還是上壘了。這是「改良──改善後再測」的評估結果。他發現有潛力的東西,但那不是萬靈丹。

想一想舉重增肌。你不會一夜之間就讓自己肌肉拉傷。你需要隨著時間鍛鍊,透過阻力訓練。正視痛苦,不要逃避,你會變得更強壯。沒有痛苦,就沒有收穫。

我知道當我面對批評與失敗的痛苦時,我會成長。儘管

如此，我還是幾乎每次都要克服自己。我並不是每天一覺醒來，拍拍胸脯，大喊「我是最棒的」，然後就出發去冒險。我是說，如果我真的**這樣做**，可能連一個朋友都沒有。談到行銷風險，我的內心對話可能與你的非常接近：①我有個想法，②我覺得是有史來最棒的，③我計算出我需要投入的時間和精力，但④我想知道其他人怎麼想，結果讓擔憂不斷增加，然後⑤我以此當作不做的藉口，認為執行這件事太困難或「浪費時間」，接著⑥放棄我的想法或半途而廢，然後⑦用我不努力去做不同的事證明與眾不同沒效。

為了克服這種消極的思路，我會從我喜歡的人和公司那裡獲取靈感。有史以來最棒的長髮金屬樂團是威豹樂隊（Def Leppard），我會為了這件事與他人爭論。**但是**，他們有90％的歌都很爛，他們有一百多首你從未聽過的歌，即使對我這樣有點過於入迷的威豹粉絲來說，也是好事。你無法讓時光倒流。儘管如此，我仍然相信他們是史上最棒的長髮金屬樂團，儘管他們製作了〈Unbelievable〉這首歌——好吧，難以置信的糟糕。

你的一些行銷「歌曲」也將是難以置信的——難以置信的失敗。大多數歌曲永遠不會被碰巧收聽的少數人聽到，有些歌可能真的非常爛，爛到根本沒有任何播出時間（流行起來）。但沒關係，這就是創造的本質。關鍵在於繼續生產、

繼續嘗試、繼續冒險，因為雖然有些實驗會帶來史詩級的失敗，但其他實驗會帶來史詩級的成功。巨大的成功。我說的是「搖滾時代」等級的成功。你只需要把你的東西放著、追蹤它，即使成功讓你感覺「難以置信」，也要維持運轉。我說過這首歌有多爛嗎？

>>>> **輪到你了**

是時候再做三個快速實驗了。沒錯，我說的是三個。

1. 為你接下來看到的第一件物品完成「與眾不同實驗表單」。無論你接下來注意到什麼：如果你在辦公桌前，可能會看到 USB 隨身碟或一支拆信刀；或者還擺在我桌上的那個奇特 Xikezan 鬍鬚直髮刷。如果你在車上，那能看到的是你的車、手機或那杯冰咖啡。如果你在外面參加斯巴達障礙路跑，那它可能會是──莫霍克頭。

2. 第一個是簡單重複完成實驗表單的過程。第二個實驗是讓你推銷東西給自己。選擇你業績表現最差的產品

或服務——就是賣不出去的那種，或者賣得不好的。拿它進行一次「與眾不同實驗」。完成表單，（認真的）進行測試，然後作出評估結果。但評估結果可能只有在你做完實驗之後才會出現。不能半途而廢。

3. 進行第三個實驗，選擇最能贏得口碑的物品。如果想不到什麼能獲得口碑的東西，那麼找個你最常提到的東西？（那就是你的口碑）。以這個進行「與眾不同實驗」。如果得到最多口碑，那麼它可能是你最好的產品，或者至少在你現有客戶中最出名的。推銷你已經出名的東西會產生強化效果。現在你擁有蛋糕（積極的與眾不同行銷方法）和糖霜（口碑）了。

第九章
找出弱點的優勢

　　我從松鼠身上學到一些事：牠們真的很不擅長記住自己的藏寶處。你大概見過牠們抱著橡實跑走的樣子。你可能在公園裡坐了很久，老早看到牠們把食物埋在地底下，結果牠們卻跟找車鑰匙的我一樣，遍尋不著。或者更慘，像我在購物中心停車場找<u>車子</u>一樣，走到戶外，但大腦一片空白。松鼠也是。

　　研究顯示，牠們自己埋藏的堅果有 74％ 都被遺忘。（哪個瘋子會追蹤這種事情？他們該不會掌握著宇宙運行的祕密吧？）松鼠忘記自己把大部分食物藏在哪裡，這件事情讓所有過冬前瘋狂囤積糧食的行為變得毫無意義，對吧？研究人員說，其實並不然。結果發現，牠們是「無意間讓森林恢復生機的無心英雄」。所謂牠們的弱點實際上非常有益於樹木生長，因為每顆被遺忘的橡果實都能茁壯長成高大的橡樹。我認為松鼠可能需要一位「找到你的堅果」教練來幫助牠們提高平均水準嗎？不會。牠們可能知道自己不擅長找尋貯藏物，所以做出相對應的調整——才會有囤積的行為。其實，

牠們的弱點是一種長處。

松鼠為自己提供充足的糧食，族群繁盛興旺——並擅長種樹。樹木有助於地球，地球因更乾淨的空氣、二氧化碳減少以及其他好處受惠。那麼松鼠呢？牠們正在為後代創造棲息地，牠們需要樹木來築巢和覓食。儘管這樣說讓我很痛苦，因為牠們總愛在我最不經意的時候衝到我車子前面，害我急踩煞車，但松鼠還是森林裡的行善者。

我知道我已經用一則故事說明我的觀點，但請允許我再用另一則故事來說明這個觀點。加州大學戴維斯分校（UC Davis）深知樹木的力量，它們校園裡有很多樹——精確來說是橄欖樹。這些樹的美麗眾所皆知，替下方的步道小徑增色不少，直到問題發生。不過，問題與松鼠無關，是橄欖從樹上掉落，在步行區形成天然滑水道。滑溜溜的人行道引發許多事故，所以多年來，季節一到，園丁都忙著摘採橄欖。

2005 年，校園維護經理薩爾・吉尼托（Sal Genito）想出一個辦法。吉尼托心想，「既然生命給我橄欖，何不拿來擠成橄欖油？」他提議將問題轉化成機會，不是靠砍掉樹木來解決「問題」。他和一群人開始收割橄欖來製作橄欖油！第一批採收的橄欖油在一天之內售罄。現在，加州大學戴維斯分校以其著名的橄欖油廣為人知。這個故事我最喜歡部分是——該大學每年銷售超過 125 加侖的橄欖油，創造出來的

利潤不只抵銷採收橄欖和裝填油品的成本,每年更省下六萬美元,比學校先前支付的清理和事故調解費用還多。

有時候,我們不願意全力以赴操作行銷,因為我們以為自己有什麼不利條件,以為我們在某些方面比不上競爭對手。我們以為這種不利條件需要掩飾,或像加州大學戴維斯分校案例那樣,需要砍掉重練。但問題是,我們自以為的不利條件往往是優勢。事實上,這個「不利條件」可能正是我們與競爭對手的差異之處,也可能正是出色、跳脫框架的行銷靈感來源。

你認為兩萬五千美元的換油費用會阻礙你購買該款汽車嗎?我會。

布加迪威龍(Bugatti Veyron)超跑每次更換機油要二十四小時以上才能完成,費用超過兩萬五千美元,但該款超跑依然暢銷。有些網路論壇指出,如果你有優惠券或發誓你永遠不會承認擁有過 Kia 汽車的話,就可以用兩萬一千元的價格更換。這種奢侈消費的奇特現象反而成為具吸引力的行銷手段。你可能永遠不會渴望擁有一輛布加迪,但該品牌現在可能占據你大腦的一部分空間,因為布加迪強調它更換機油的「弱點」。

原本可能被視為「耍花招」、「荒謬」或「笑話」的機油服務現在已經重新定位,使該品牌的理想潛在客戶視其為

「尊貴」、「美好生活所需」和「菁英獨享」。與其說它是阻礙,不如說它是對消費得起每三千英里更換機油的超級富豪們的「召喚」,你需要每次更換機油時重新加入這個豪華俱樂部。花一筆布加迪機油的錢,都可以買得起一輛全新的豐田 Corolla。你不會看到任何關於你的本田汽車要花四十美元更換機油的新聞報導,但會有一大堆關於菁英布加迪的新聞和熱烈討論。

重新界定你的不利條件,可以幫助你找到勇氣去做你自己「與眾不同實驗」。那些你不想讓任何人知道的特質,那些你認為需要修復、掩飾或淡化的事物,都可能是你激發出新奇行銷想法的起點。所以,換個說法吧。你不是健忘的松鼠,你是造林的超級英雄。

失誤的神奇魔力

「這五年來,我有個難堪的小祕密,」我的好友麥特・舒普(Matt Shoup)告訴我:「我發誓絕對不會把這個祕密告訴任何人。永遠不會。這項消息如果落入錯誤的人手中或被誤解,可能會徹底摧毀我的公司。」

然後有一天,他洩漏了這個祕密。

麥特是油漆粉刷公司 M & E Painting 的老闆,他和我分

享他的故事。

「當時我正在進行當天最後的粉刷評估，準備完成交易。」麥特開始說：「這位客人與前一家粉刷公司有過不太愉快的經驗。對方遲到就算了，還搞得一團糟，粉刷得很爛。」

所以，麥特將行銷手冊展示給這位客人看，並直接翻到好評推薦那個頁面。「我們客戶滿意度高達 98.6％，幾乎接近完美，而且我們開業八年已服務超過四千位客人。」

那篇成績看似亮眼的廣告文宣本來可以促成這筆交易，但就在麥特把筆遞給客人準備簽約時，客人打斷了他。「他（客人）是那種說話不留情面的人，他說，『麥特，那本光鮮亮麗的手冊根本是垃圾，你有想過把不好的評價放進去嗎？不滿意的顧客評價在哪裡？想做我這筆生意，我建議你開始講個顧客不滿意的故事給我聽。』」

看到這裡，你應該明白，麥特是一個超級有自信的人。他不怕嘗試新事物，不怕進行困難的溝通，而且他絕對不怕爭取銷售機會。他準備好回答你可能有的任何問題——除了這位客人，對方要求他分享一個顧客經驗不佳的故事。一個非常糟糕的故事。麥特也有一個——但這是祕密。一個非常、非常糟糕的祕密。

所以麥特和他客人講了其他故事。「我分享一個刷錯顏

色的無殺傷力故事，他說胡扯，然後我又解釋我們怎麼用<u>正確</u>顏色補救<u>刷錯</u>顏色的房子。哎呀。」

麥特的客人依然不滿意。當然，他談的失誤經驗非常糟糕，但與競爭對手的失誤沒什麼差別。這位客人想聽一個沒人犯過這種失誤的故事，然後麥特與團隊是如何處理這種失誤。不可否認，這不是一般典型的銷售情況，其他沒什麼自信的人可能早已放棄離開。但麥特不喜歡認輸，永不認輸。所以，他挖出埋藏心底的最大汙點。

此時馬特脫口而出：「好吧，既然都講到這，我就告訴你油漆噴到嬰兒的故事。」

沒錯，麥特的團隊讓油漆噴到嬰兒了。

難堪的祕密曝光了。

五年前，麥特在一個工地接到他下屬的電話。

「勞爾說，『麥特歐、麥特歐、麥特歐，你得快點過來，老兄。我們正在粉刷門板，然後客人和孩子都在這裡，情況很糟糕。我是說，女士、油漆、嬰兒、然後砰！』」

麥特第一件事就問孩子還好嗎？客人有沒有怎麼樣？謝天謝地，沒人受傷。然後他坐上車，開到施工現場。

「我們當時在溫莎（Windsor）替一對夫婦粉刷裝飾邊條和幾扇門，」麥特解釋：「車庫後面有一扇門，勞爾正準備噴上黑漆。他站在離門大約一英尺的地方裝填噴漆槍，然

後扣動扳機。但他不知道女屋主正抱著她九個月大的女兒，站在他身後幾英尺的地方。他也不知道噴槍的尖端卡住，所以一扣扳機就砰！爆炸，油漆濺得四處都是！」

目光所及之處都是黑色油漆：房子的牆壁、水泥地板、露台上的家具、露台、柵欄、所有設備和工具，還有母親。還有嬰兒，別忘了還有嬰兒。

「我們清理殘局，花錢換掉所有無法保留的物品，然後還請這家人吃頓飯。」麥特說。雖然這家人原諒他們，但麥特發誓他的團隊要保密，並把這個故事藏入自己的精神密室。他不能讓別人知道他們刷油漆噴到嬰兒。如果被知道了，誰想跟他們做生意？我是說，哪家油漆公司會不小心把油漆噴到嬰兒身上？像這樣？

現在，麥特發現自己正和他的潛在客戶分享一切經過，對方想知道真正糟糕的油漆經驗。最後對方終於簽約，因為麥特講出公司犯過最嚴重的失誤，更重要的是，他們如何處理危機。透過說明 M & E Painting 油漆公司如何正確處理在科羅拉多州溫莎市家庭的油漆失誤，麥特的新客戶了解到，如果他們在這裡失誤的話，M & E Painting 油漆公司也會設法改正。麥特的祕密曝光了，但世界末日沒有到來，他沒有一命嗚呼，反而得到一位新客戶。

那天晚上，他看了看那本精美、客人滿意、我們真棒的

宣傳手冊，突然想到，如果他沒有漏掉那些不好的評價呢？如果他坦白交代油漆噴到嬰兒的故事呢？

麥特告訴我：「我總是密切關注，確保我的祕密有妥善封鎖，生怕被洩漏出去。後來我發現，沒有公司是完美的，我不應該試圖讓自己公司成為例外。顧客想知道我們可能的缺陷，以及與我們合作可能會出現的問題。那何不讓他們看到可能出現的問題，以及我們會怎麼解決呢？」

麥特決定採取行動。他更改了手冊、廣告、所有的內容，包含「油漆噴到嬰兒的故事」。但至少可以這麼說，他從專業廣告商那裡得到的回應並不好。

「我第一次把新行銷方法坦白分享給我們密切合作的廣告廠商時，他說，『麥特，這是你做過最愚蠢、最荒謬、最有損商譽的事。簡直是自尋死路，我不想和它有任何牽扯，你根本腦子燒壞了。』我知道油漆噴到嬰兒的故事會激怒一些人，這件事相當違反常理——沒有人有勇氣去嘗試。但我沒料到我的行銷合作夥伴會有如此強烈的負面回應。」

這不是麥特第一次嘗試別人不會做的事情。雖然冒著巨大風險，但他還是做了，並且實現了他的「瘋狂」想法。你知道最後怎麼樣嗎？幹得漂亮，就是這樣。他的行銷通過眨眼測試。他的銷售額、成交率、盈利能力及外界對公司的討論度都有爆炸性成長。他的想法非常奇特、獨樹一格、吸引

許多人的目光，超過那些制式手冊和廣告所能達到的程度。而且，因為他發自肺腑講述油漆嬰兒的故事，因為那個故事真實反映出他公司的價值觀，所以吸引到他的理想客戶，這些客戶願意聽從他的指示，打電話詢問報價。你今日常聽到越來越流行的「商業透明化」運動，就從幾年前由某個把嬰兒搞得不透明的傢伙開始的。

所以問問自己，你搞砸過什麼事？什麼事情你做不了？什麼東西成本太高？你做了什麼可能無意間讓顧客生活更難熬？這些事裡面的任何一件都可能成為你弱點的優勢。

獲獎無數的美國心理學家艾略特‧亞隆森（Elliot Aronson）曾研究「犯錯」對好感度的影響，他是最早描述出醜效應（pratfall effect）的學者。該效應證明，人們在一個人犯下日常錯誤後會有更喜歡這個人的傾向。從行銷角度看，這個有時稱為汙點效應（blemishing effect）。但不管什麼稱呼，它都管用。

我們在看過演員的花絮鏡頭後變得更喜歡他們。我們更容易相信承認錯誤的政客，更喜歡那些摔了一跤但又重新站起來完成比賽的弱者。我不是科學家——雖然我的煙燻烤架可能無法苟同——但我猜犯錯的人更具吸引力，是因為他們更具親和力。他們看起來和我們一樣——有缺陷、容易犯錯、而且不太會丟美式足球（好好好，最後一點吸引的只有我）。

「我們都是人，都有犯錯的時候。」麥特告訴我：「我現在相信，當事情沒按照計畫進行時，一家公司才會映射和顯現出其真正的道德素養。在我的油漆公司裡，我們對待錯誤和不完美，就如同對待優秀工程和絕佳評價一樣，我們勇於承擔、究責並且負責。每人都有一個『油漆噴到嬰兒』的故事，但並不是每人都勇於承擔這個故事，並將此事做為他們如何出面為其客戶和社區服務的說明例子。這就是為什麼它會是你的優勢。」

說出你競爭對手害怕說出來的：真相。

怪異所帶來的禮物

米卡洛維茲（Michalowicz）這個姓氏蠢到不行。其他像這麼多音節的單字有「conjubilant」、「taradiddle」和「collywobbles」，我完全不知道這些單字的意思。（是，真的有這幾個單字。）我的姓氏也屬於這一類，大多數人都會唸錯，顯然包括我在內，因為我曾經被一位烏克蘭紳士糾正，他說不是唸「Mi-cow-low-wits」，應該唸「Me-ha-low-vitch」——至於怎麼拼，就算了吧。每個人都得掙扎一番，就連幾位親戚也是。（我在說你呢，彼得・「麥」卡洛維茲堂哥。）記著，你的弱點就是你的長處。

毫不意外，我選擇接受它。我在別人嘲笑我的姓氏以前先嘲笑自己的姓氏，不是因為別人叫我「Michal-o-shits」會心煩，而是因為我知道這個姓氏與眾不同，會引起注意。當你選擇擁抱自己「弱點」，障礙就會打破，而且讓枯燥乏味的作家看起來更平易近人。「雖然他不是史蒂芬・金（Stephen King），但他是我所知道最特別的『我的牛屎』（My-cow-shits）。」在簽署本書合約時，我太太悄悄對我這樣說。

　　我在很多方面都很特立獨行。我們都是。感謝上帝，真的。為什麼要反抗？事實上，做<u>更真實</u>的自己可能是你最大的行銷優勢。

　　我上小學時「太瘦了」，同學們都取笑我。讀者不滿我老是穿背心參加演講活動，所以我寫了一篇如何穿背心直到天荒地老的文章，然後我的團隊製作了 "Live your vest life!"（活出你的背心人生！）和 "Do your very vest!"（穿上你的背心！）的 T 恤穿在身上，並分發給讀者。我曾經在一家餅乾工廠的空辦公室裡（就在烤箱上面）展開我的生意。這很奇怪，有些人不會承認這點——尤其是經營類作家。「麥克，你到底在那裡幹嘛？為何不租間小屋住上一個月，一邊凝視遠方的瓦爾登湖（Walden Pond）一邊寫作呢？或者隨便，至少找間普通辦公室？」但我沒有隱藏我的住處，我讓

每個人都知道這件事。我在上面撰寫《南瓜計畫》，汗水從臉上滴下來，不是因為寫書的壓力，而是我的辦公室沒有空調和窗戶，在大熱天裡氣溫高達華氏九十八度。我稱它為我的「巧克力豆餅乾之死」辦公室。

怪異不是壞事。

怪異就是人性化。

怪異是個討論話題。

怪異贏得行銷的瞬間。

怪異是<u>與眾不同</u>，我相信我們已經牢牢建立了不同才更好的事實。

你也有怪異特質。怪異是一份禮物。擁抱它。分享它。行銷它。

老二哲學

麥當勞在一百二十個國家擁有三萬六千家連鎖店，狠狠的把漢堡王甩在後面。漢堡王在八十四個國家擁有一萬五千家連鎖店，只能說自己是位居第二——至少在涵蓋範圍上是如此。但漢堡王沒有試圖超越這個排名，反而是利用這個優勢，在 2018 年發起創意十足的活動：「為華堡繞道」（Whopper Detour）。

漢堡王在一份新聞稿表示，該活動要將「把一萬四千多家麥當勞變成漢堡王餐廳」。作法是這樣：限時提供一美分的華堡優惠券，顧客須安裝漢堡王應用程式，然後站在麥當勞六百英尺（約一百八十公尺）的範圍內定位，就可以拿到這筆優惠。解鎖促銷活動後，顧客可以下單，然後讓他們從麥當勞「繞道」至最近的漢堡王。

嗯——我想 I'm lovin'it。我愛上漢堡王了，或是哪個想出這個瘋狂、「跟緊老大」點子的人。我喜歡這個活動知道如何利用最大競爭對手的優勢，就像大衛利用歌利亞的壯碩體型來發揮自己的優勢；歌利亞的身材讓他行動速度較慢，大衛得以毫不留情朝對手扔石頭，一邊拿石頭打他，然後跑到新的地點進行下一次投擲。就這樣，歌利亞的「優勢」反而使自己成為完美的目標。

漢堡王則是利用麥當勞分店絕對數量的優勢。麥當勞裡那些「砸下數十億」的廣告招牌？在行銷活動中，漢堡王將它們變成「砸下數十億讓人突然轉向」。為期九天的宣傳活動產生顯著的效果：漢堡王應用程式下載次數超過一百五十萬次，行動應用程式的收入成長了 300％。漢堡王也因此得到大量關注，《紐約時報》、《今日美國》（*USA Today*）、《財經內幕》（*Business Insider*），以及各大電視媒體如美國有線電視新聞網（*CNN*）、微軟國家廣播公司

（MSNBC）皆報導其獨特的行銷實驗。漢堡王在 Twitter 的提及率也增加了 818%。

如果你在你的業界排行第二，或者排在更後面，思考看看你該如何利用這個排名來發揮自己的優勢。與其隱藏起來，不如想想你可以怎麼發揮？你會怎麼利用競爭對手的優勢來讓自己變得更強呢？

缺乏所帶來的機會

如果你剛開始做生意，你可能不希望讓別人知道自己缺乏什麼。你想表現得像業界其他人一樣、像擁有各種花俏功能的正統公司一樣──這是很正常的事。所以我們買下其他人似乎都有的東西，試圖再次融入他們。我以前有一陣子是這樣做的，直到後來才發現那些全是狗屁。潛在客戶來我第一家電腦維修服務公司的辦公室時，我以為必須擁有昂貴的設備和器材來展現公司的技術能力，花俏的器材堆積如山，但對我的服務毫無價值，也沒有打動潛在客戶的心。花二十美元買串閃爍的聖誕樹燈擺在伺服器櫃子裡，會比我用信用卡刷了兩萬塊沒打動任何人的東西[27]更令人印象深刻、行銷效果更好。

不花錢購買其他人都有的東西，其實是突顯差異化的最

27.如果你我某天碰面，可以問我關於伺服器櫃子裡那串閃爍的聖誕燈是怎麼回事。我會跟你分享它是怎麼成為我所做過最好且最特別的行銷。成果呢？那家公司後來被財星五百大企業（Fortune 500）之一收購了。

佳機會。柯爾夫婦傑西和艾蜜莉接下後來的薩凡納香蕉隊時，歷史悠久的格雷森體育館有一個電子記分板。後來記分板被閃電擊中，無法修復，也沒有資金更換。所以他們便採用舊式的手動記分板。你知道那種比賽過程中需要有人坐在後方，手動改變金屬數字的記分板嗎？現在他們手動操作的記分板已經變成一種行銷工具。除了增添比賽氣氛外，媒體也撰寫許多關於舊式記分板的文章。格雷森體育館不再是沒有電子記分板的棒球場，而是美國少數幾個<u>仍使用</u>手動記分板的棒球場。除此之外，傑西很快就發現大多數人根本沒有注意到分數，那又何必花一大筆錢買平常（可忽略的）物品來取代？

你存錢為你的生意買什麼？有什麼東西是你認為顧客期待你擁有而你卻負擔不起？你缺乏的事物實際上可能是一種特色，並非瑕疵。

桃莉・芭頓（Dolly Parton）絕對可說是美國最傑出的詞曲創作者之一，她寫過幾十首熱門歌曲，獲得的獎項多到我數不清，甚至有她自己的主題公園。我就說，有多少名人會有自己的主題公園啊？她是音樂奇才、偶像、優秀到不行

的商人。然而，你想到桃莉的時候，可能會先想起她的外貌：一頭超澎大金髮，「艷麗花俏」（她說的，不是我）的衣服和濃妝豔抹。她還因為她的，呃，這樣說吧，「身材」出名。

芭芭拉・華特斯（Barbara Walters）曾在採訪中問她：「妳為什麼穿成這樣？」

桃莉回答：「要令人震撼，變得與眾不同。」

在她出道早期，公司主管曾希望桃莉改變形象，勸她低調點，改掉髮色，打扮得像同齡人一點。她知道這個建議很可怕，為什麼她該看起來像別人一樣？她不僅無視他們的建議，甚至更進一步突出自己外貌，首支單曲還拿她在某些人眼裡的缺點來自我解嘲。1966 年發行的單曲〈Dumb Blonde〉展現了她的魅力，顛覆外界對於金髮女郎的刻板印象。她此舉非常聰明，正面迎擊別人不滿她的地方、別人要她改變的地方。這是使自己與眾不同的第一步，這個過程也吸引了她的粉絲。

你想嘲笑我的髮型，那我就吹高一點。

你想嘲笑我的胸部，那我就集中托高。

你想嘲笑我的時尚，那我就走得更前衛。

她在接受《今日美國》採訪時曾說：「我所有的魅力就在於，我看起來很假，但我完全真實。」

桃莉明白與眾不同的精隨。她擁有世界上最忠實、最

多元的粉絲群——可能還擁有**最大批的**粉絲。她也是世界上 Q 分值（Qscores）最高的人之一。市場行銷評估公司（Marketing Evaluations, Inc）特有的「Q 分值」，是用來追蹤名人的公眾熟悉度與吸引力。基本上，就是在追蹤 DAD 行銷架構的前兩個字母——差異化與吸引力。如果某位名人的 Q 分值高，就會更受重視，因此在推廣產品和服務方面也會得到更多收益。

你也可以吸引一個忠實且多元化的客群。不要隱藏真實的你、缺少的東西、或曾經犯下的錯誤。活出自己的風格，展現你的另類獨特。

輪到你了

我最喜歡的名言，出自於作家奧斯卡・王爾德（Oscar Wilde），我把它掛在我的辦公室裡面。他說：「做你自己，因為別人已經有人做了。」賓果！就是這樣。你想隱藏的，人們對你感到羞恥的，都是你不想外揚的醜事。那件醜事很可能就是解放你行銷的關鍵。

1. 如果你在為自己的生意行銷，那就問問自己，怎樣才能把你的弱點、你的怪異、你「再也不會藏起來」的獨特之處擺在最顯眼的地方。

2. 如果你在行銷部門任職，現在是你的好時機。公司編年史上有什麼最離奇的事蹟？有什麼怪異特點是辦公室每個人都喜歡卻礙於專業考量沒講出來的？競爭對手最愛找碴的事情是什麼？這就是你的機會。放膽去行銷，把它們擺在最顯眼的位置。

第十章
重新想像你的事業

　　在南達科他州（South Dakota）平原的生活很美好，尤其當你已經知道如何賺取足夠的收入來支持你所預想的生活方式時。雅各布・利莫（Jacob Limmer）擁有兩家實體店和一處烘培工作室，他已經把他的楊木咖啡（Cottonwood Coffee）從副業發展成一個任何人都會感到自豪的主業。

　　你可能還記得《搞定下個問題》中雅各布的故事。在那本書裡，我提供一套簡單的系統，讓你明白要實現持續、持久的發展，你的生意應該首先關注哪些方面。雅各布根據這套系統，發現他的公司收入竟支撐不了他所謂的「愜意的中西部」生活方式。經營了十三年之久，試著越賣越多，這個突如其來的發現讓他大受打擊。所以，他直接回歸基本點——從事獲利的銷售，不是賣越多越好。經過這次轉變，雅各布很快就有足夠的收入支持他所需要和想要的一切。南達科他州平原上的生活，再次變得美好。

　　然後，2020 年春天，他的銷售量幾乎乾涸。就像許多店面的情況一樣，由於新 COVID-19 迫使大多數美國人待在家

裡，雅各布不得不暫時關閉他的兩家咖啡店。眼下他有兩個選擇：等待疫情過去，希望景氣恢復正常；或者他可以主動出擊，積極創造業績。

雅各布選擇後者。

全球疫情爆發數週以後，他知道光是改變行銷管道不足以刺激銷量，於是他開始調查顧客。他寄發電子郵件給他們。我在這裡簡短敘述一下內容：「你感覺怎麼樣？有什麼需要嗎？我們還是有營業，但我們需要以新的方式為你服務，現在我們能為你做什麼呢？」

透過調查，雅各布了解到他的顧客都很關心健康問題，而且希望振奮精神。他的顧客也提到，很懷念享用一杯美味楊木咖啡的習慣。關閉兩家分店的二十二天內，雅各布研發出一款新品咖啡，添加高品質維他命 D3 以增強免疫力的冷萃咖啡，然後放到網路商店，並通知他的顧客新品上市。結果銷量上升，讓楊木咖啡度過疫情封城的危機，並重新開張。而且，儘管這一年的收益有所下降，卻是楊木咖啡有史以來最賺錢的一年。不過，故事還沒結束。在疫情爆發的前面幾個月，雅各布學到了他以前從未發現的：重新詮釋他的生意。

在一通敘舊的電話上，雅各布告訴我，「我感覺比以前更能掌控局面。我現在知道，我再也不必犧牲自己生活來支持我的事業了。透過重新詮釋，我可以適應任何突發情況和

任何我需要的事情。」

　　總有一天，無論你的行銷再怎麼獨特、無論你做過多少次實驗—改良—實驗，無論你的行銷實力再怎麼強大，你還是賣不完你的東西。我們每個人都會遇到這種情況。潮流轉變、口味改變、突發意外、模仿者出現。

　　身為企業主，我們必須面對這些現實，並接受有時候再多行銷（無論多麼出色）也不夠的事實。一旦發生這種情形，我們有兩個選擇：等待疫情過去，希望景氣恢復正常；或者我們可以主動出擊，積極<u>創造</u>業績。為此我們必須重新詮釋自己的生意——重新想像我們的產品、我們如何行銷、甚至重新構思我們的客群應該是誰。不光是改變行銷，我們還必須願意去改變我們做生意的方式。我的朋友，你現在應該更有能力轉換經商跑道，因為你已經練就如何出奇制勝的技巧。你越來越適應跳脫框架思考，你變得更有自信脫穎而出。你可以的。

　　雅各布‧利莫靠開發新品度過景氣難關。他的作法是主動接觸顧客，了解他們的需求，然後用他們的錢包測試市場水溫。這個作法很簡單，也非常容易實踐。在本章中，你將學到更簡單且強大的策略，不只是讓行銷別出新裁，你可以使用這些策略讓產品變得與眾不同，也可以重新詮釋、或甚至重新塑造你的生意。

退後一步

2020 年，我和很多企業老闆聊過，他們和雅各布一樣，不得不想出辦法維持生計。幸運的是，有許多《獲利第一》的讀者已經把幾個月的營運費用存進銀行，所以他們有時間——較長的現金生命週期讓他們能夠繼續開門營業，讓員工得以有薪工作。儘管如此，他們仍然需要收入，對他們許多人來說，那表示一切都得重新思考。

那一年，我和很多餐廳老闆交換意見也是意料之中。為了幫助他們重新詮釋生意，我分享「退一步的辦法」。

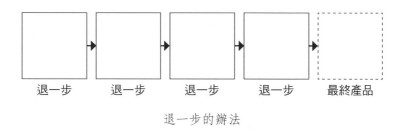

退一步的辦法

操作方式像這樣：

1. 回顧你歷來的產品、你主要做的事情。所以對大多數餐廳來說，就是在店裡提供食物給客人。在「最終產品」

的方框中填寫你可交付的成品。以餐廳老闆為例，答案可以是「把好吃的餐點端上桌」或之類的。

2. 然後，記錄你在提交「最終產品」的上一個步驟。對餐廳來說很簡單：即服務生送到用餐者的桌子前，他們會先把餐點從廚房端出來。這就是退後一步。「把餐點送到餐桌」寫在「退一步」的方框裡，緊靠「最終產品」方框裡的左邊。

3. 現在，考慮如何根據這一步來改變你的產品。這就是2020 年許多餐廳所做的——把餐點送上桌變成餐點外帶或外送。許多餐廳業者先前沒有準備好因應這種改變，但現在他們肯定辦到了！這個簡單的轉變挽救許多實體企業免於破產倒閉危機，包含零售商店，甚至酒吧。誰知道「外帶瑪格麗特」會這麼好喝呢？所有人都不知道。

4. 接下來有趣了。<u>再</u>往退後一步。前一個步驟會是什麼？對餐廳來說，那就是在廚房烹調料理。把它寫左邊第二個「退一步」的方框裡，然後考慮如何把它變成一種新的供應方式，例如在家中廚房做菜。我指導瑪麗安娜・奧維耶多（Mariana Oviedo）——墨西哥恩瑟納

沙（Ensenada）的一位老闆——透過線上料理課程來實現家中作菜。這些課程讓她的主顧們感受到與社群其他成員的聯繫，又能吃到他們喜歡的食物。瑪麗安收取一百五十美元的課程費用，其中包含為學生準備課程所需的全部食材。在封城之前，一般預定餐廳的收益大概是五十美元，現在她可以賺到三倍的錢，只要退後一步，然後再退後一步。你的前一個步驟是什麼？把它寫進方框裡。

5. 繼續一步步的倒帶，直到你已經確定實現過去產品的所有重要步驟。對餐廳來說，在廚房料理的前一個步驟是點餐。在紐澤西我所待的社區，有家店改變了外帶與外送方式——他們取消傳統「點餐下單」的步驟，因為這需要等待三十至六十分鐘才能用餐，他們改成與當地餐車合作後，一次送一個社區。店家先將六十份備好的餐點裝上餐車，然後停在巷子的盡頭——有點像冰淇淋攤車。真是天才，對吧？

一旦你鎖定了想要有所區別的步驟，就運用這個方法做出一些變化。然後，進行測試。如果成功，就擴大規模。正如你現在所知道的，與眾不同的成功關鍵是堅持下去。集思

廣益，考慮周詳，反覆測試——然後，老規矩，傾聽荷包的聲音，而不是信任諾言。

販售「敘述概念」

有個可靠的辦法可以知道你的產品能不能引起注意，那就是在創造它之前就先賣掉。販賣「敘述」，而不是成品——還不到成品。如果別人光聽概念敘述就想買你的東西，這表示你有值得開發的想法，這表示他們相信它並能預想它對他們有用。若沒有人購買，你的答案也出爐。此時看你是要改良產品，還是要放棄，另外嘗試新的產品。

以下是運作流程：

1. 與社群分享你的想法和細節。可以透過電子郵件、社群媒體、甚至是面對面。這不是正式的產品提議或推銷。而且震驚的是，在個階段誠信會勝出。告訴他們你的想法，以及你打算納入的關鍵內容。

2. 替無法避免的碰撞和擦傷打預防針。坦白說明你有個想嘗試的新想法，但因為是新的，所以可能出錯且肯定會需要改良。

3. 然後，詢問你的社群想不想要你的東西。他們認為這個想法有用嗎？他們需要嗎？記住，我們該關注的是荷包，不是諾言。所以，請索取訂金。這裡的「指示」部分應該以折扣價為主，並且該提醒大家這是測試版概念，所以有可能進行調整和修改，也因此會有折扣。

4. 仔細考慮後，在二十四小時內送出請求。這是從我們的朋友傑西那裡學到的。有了想法，加入基本要點，決定最終價格，提供折扣給願意盡早入手的人，讓他們以現金支付。

5. 如果你**沒有**得到足夠的積極回應（訂金），徵詢需要改變的回饋意見，然後再次測試；或者擱置在旁，**繼續下一個想法**。

6. 讓測試版顧客參與你的產品改良。詢問他們的回饋意見，在你提供下個產品的第一版時迅速做出改變。迎合他們，這樣你那些搖擺不定、「尚未準備好」的想法就會變成可靠且有效的產品。

7. 完成測試後，以原價推出。這樣做的好處是，因為你積

極聽取並採納他們回饋的意見，（最終）把它交付給你的測試版客戶，他們會對此讚不絕口。現在，你可以挑選一些推薦信來幫你販售這個新產品。

我見過太多企業老闆在確認理想顧客是否真的需要以前，就充實他們的想法、發展它、測試它。但這種作法會產生兩個令人非常沮喪的結果：第一，他們可能創造出很少人真正想要或需要的東西；第二，開發和推出的時間太久，機會可能溜走。到頭來，只是浪費金錢和時間。當我們在泡沫中創造產品，與我們的社群隔絕，依賴某個（我們自己的）資料庫，最終可能開發出一個市場不想要的產品。但當你販售「敘述概念」的時候，你可以確定知道他們會買你的東西，而這種確定感會燃起你的鬥志去實現它。

問「還有誰受惠？」

堅持不懈的紅髮女不讓 COVID-19 得逞。2020 年 3 月，就在一年一度的 IT 銷售與行銷實戰營（IT Sales and Marketing Boot Camp）開始前三十六天，羅賓・羅比斯不得不停辦現場活動，轉向虛擬平台。現在聽起來似乎是個雖然困難、但還可行的挑戰，但實際上，這是個艱鉅的任務。

到目前為止，我們都已經習慣虛擬活動，但在那年三月，幾乎是難以想像的事。我這樣說，是出於個人的體驗。我當時也有一場活動，必須在不到三週時間改為線上活動，而且當時我們根本不知道如何在不退款的情況下完成。需要立即改變技術，主持人也要分秒隨時學習新事物。對客人而言呢？

對線上活動有信心的人不多，尤其是這種注重人際交流和學習性質的活動。最麻煩的是，大多數人都不懂 Zoom，顯然包含 CNN 評論員傑佛瑞‧圖彬（Jeffrey Toobin），他被逮到，呃，在工作的 Zoom 會議上玩他的管子。如果你不懂我在說什麼，千萬別去網路搜尋……看了會瞎掉。

堅持不懈的紅髮羅賓不會被嚇倒，而且她沒有遵循現狀。當包含我在內的所有人都把活動移到 Zoom 平台時，她聘請一個電視製作團隊，替演講者的直播活動搭建實體舞台，並增加一個附加實況轉播的螢幕，顯示出所有在家收看的人。雖然他們不得不在前三十天退還超過六十五萬美元的款項（主要是因為驚慌失措的贊助商），但羅賓靠著讓登記名單從一千五百人增加到將近五千人，彌補了這項損失！在六週之內。當包含我在內的其他人都努力留住參加者時，羅賓的名單卻急速成長，她找到新的贊助商，最後獲得她有史以來最賺錢的活動。

羅賓舉辦世界級活動的名聲迅速演變成世界級線上活動

的名聲。在我 2020 年秋天為本書採訪她時，羅賓告訴我，她那年的收入已經超過兩千萬美元。她還推出「大紅媒體」（Big Red Media）──提供虛擬活動與行銷的服務商，第一年總收入即獲得四百萬美元。

她說：「當事情發生變化時，每個人都會重新獲得『先發優勢』。你沒有時間去看別人在做什麼。」

她使用的技巧之一是問：「當我達成銷售時，還有誰受惠？」對一項活動而言，銷售是指參加者購買門票，其他受惠者包含票務處理公司、虛擬活動平台和製作團隊。如果實體活動回歸，她可以增加餐飲服務、飯店、交通等。羅賓將這些受惠的人和公司視為供應商聯盟、合資企業、夥伴關係和贊助的機會。這些供應商中有哪些也想提供服務給羅賓的客戶？哪些供應商有自己的人脈網絡可以從羅賓的技術中受惠？在 IT 專業人士的聚會上，還有誰想接近 IT 專業人士？

因為她問：「還有誰能從中受惠？」羅賓開始與 Datto 合作，Datto 是一家資料庫備份公司，想要接近她的與會者，並為此支付一筆可觀的費用。她接著問：「他們還能從中得到什麼好處？」結果發現，他們有龐大的潛在客戶名單，卻不知道怎麼運用。於是羅賓為 Datto 設計並舉辦一場線上會議。她現在公司有個部門專為其他公司管理線上會議。

想重新詮釋甚至徹底改造你的生意，自問：「還有誰受

惠？」一直問下去，直到你找到新的機會。

做不能規模化的事

我最喜歡的一本書是喬伊・柯爾曼（Joey Coleman）的《永遠不再流失顧客》（*Never Lose a Customer Again*），這是本必讀之作。請容我大膽建議，它搭配本書來看簡直是完美的連續技。《瞬間吸睛行銷力》會幫助你贏得顧客，喬伊的書會幫助你留住顧客。

我邀請喬伊參加同行作家聚會，請他分享他與眾不同的最佳方法。正是他的建議啟發我為本書創造沉浸式學習體驗——immersewithmike.com。而他這句至理名言真的讓我大受震撼：

「做不能規模化的事，因為沒人願意這樣做。」

他說這些時，我心想：「天啊，真是渾然天成的才華耶！」當然，這是重新想像你產品的祕訣，因為大多數人都希望規模化，避免做一些不容易複製的事物。創造無法擴大規模化的東西若導致需求大增，他們最後會消耗殆盡。

這一刻對我來說是「喔，我怎麼會沒想到？」然後我就行動了。我開始思考如何與讀者互動。大多數作家都不會與讀者進行一對一交流，因為無法規模化。我明白——他們不

可能與每一位閱讀自己書籍的讀者都有個人聯繫。這是不可能的，就算真的這麼做也會把人累垮。

在喬伊與我分享這個不能規模化的策略前，我已經採取親自回覆讀者的方式。對我而言，和他們還有和你的聯繫都很重要。但問題是，我無法滿足需求。我決定放棄。所有作家最終都得把工作交給團隊處理，對吧？可是在內心深處，我真的不想失去和你的聯繫。

所以，那次作家聚會後，我再次投入讀者互動，想挑戰自己找出方法達到事半功倍之效。我開發系統並預留時間，這樣就可以回覆所有讀者來信。讀者反應非常好——至於我是怎麼解決的，這個方法是「獨門醬料」，但確實每個字都是我打，每則影片也都是我錄製的。那就是我，而且「不能」規模化。真的嗎？

試試這個技巧。仔細思考個一小時左右。問問自己，「要是……會怎樣？」要是你不關心能不能規模化會怎樣？要是無法規模化只是產業迷思，實際上可以規模化呢？你會提供什麼？或者你會如何以不同方式提供你的產品？如果你只是做業界無法規模化的，然後透過原始努力彌補差距會怎樣呢？那個很可能就是你的獨門醬料。

約翰・魯林是 Cutco 史上賣最多把刀的銷售員，他就是透過改變<u>銷售方式</u>辦到的。Cutco 主要靠直銷販售刀具，這個是傳統挨家挨戶上門推銷的好方法。但當約翰在 Cutco 實習生時想到一招：假如他可以讓企業老闆大量採購刀具當作禮物送給他們的客戶，會怎樣呢？

他第一筆具有禮物性質的交易是與女友父親成交的。女友的律師父親買了瑞士刀送給客戶——這個只是開始。他後來繼續賣出價值四百多萬的 Cutco 刀具。

約翰是我的朋友，也是《送禮學》一書的作者。他的獨特銷售手法不僅在 Cutco 公司成功奏效，而且還成為約翰的畢生志業。

成功行銷與銷售的關鍵就是不斷問自己：「要是我嘗試不同的方式會怎樣？要是我嘗試不同的銷售手法呢？要是我從一個完全不同的產業借用產品或服務交付制度會怎樣？要是我打破傳統觀念、拋棄產業常規、嘗試完全跳脫框架的方式，會怎樣？」當你重新想像大的要點——賣什麼、怎麼賣——你可能會發現你真正的使命。

輪到你了

1. 問自己，還有誰能從你提供的產品或服務中受惠。除了你的顧客，還有服務商、供應商、承包商、以及食物鏈的其他部分。記錄所有參與創造或交付過程的所有人。他們是受惠者。現在問問你自己：「他們還可以透過什麼方式成為夥伴呢？」

2. 列出一張清單，寫下你業界所有「無法規模化」的事情。問自己這個行業有什麼是因為別人說辦不到而沒做的事情，然後挑一個實際去執行。如果你有進行了我投注心力研發的沉浸式讀書體驗，請分享你的故事，說明你是如何將這個「與眾不同」方法運用在你的生意上。這是個雙贏局面。因為我一直在尋找新的故事和策略（對我很有幫助，謝謝你），以後可能我會在部落格或播客提及，或納入未來的某本書中（希望對你來說也是個勝利）。如果你還沒進行沉浸式讀書體驗，現在還來得及！趕快到網站 https://immersewithmike.com/。

結語
長大但不要變老

　　「成熟點。」到這個階段，你應該對我有足夠了解，可以看出我不愛這句話。我現在五十歲（我、我知道！我看起來不到四十九歲半），這種話我已經聽過無數次——最近一次聽到就是上個星期。也許是因為我很無厘頭；也許是因為我不怕嘗試另類事物；也許是因為我對自己熱愛的事情都保有赤子般的熱情。

　　我不是彼得潘。我喜歡當一個成熟、已婚有三個小孩的爸爸。

　　至於我的生意？那就是另一回事了。我絕對不會希望我的公司成熟，因為那是「融入世界」的代稱。

　　隨著我們長大成人，我們越來越順從周遭的社會。我們很少冒險，我們想要歸屬感。「成熟點」變成是「乖乖聽話，小子。把顏色塗在線條內。遵命。」的暗號。

　　做符合期望的事。

　　不了，謝謝。

　　脫穎而出的往往是那些還沒長大的企業老闆、那些不合

群的領袖、那些不按線條塗色或自己畫新線條的孩子、那些穿得和你不一樣的孩子、那些有獨特觀點的孩子。

根據《醫學新聞》（News Medical）報導，賈伯斯（Steve Jobs）患有鈕扣恐懼症（koumpounophobia），也就是害怕鈕扣。最起碼，他對鈕扣強烈反感。賈伯斯總是穿著高領毛衣，沒有鈕扣。他的牛仔褲呢？肯定沒有鈕釦式拉鍊。他沒有強迫自己服從鈕扣，而是拒之於門外。這種厭惡也延續到所他開發的產品上。

蘋果公司推出 iPhone 後，徹底改變手機產業的遊戲規則。當時主導市場的品牌是黑莓機（BlackBerry）——以前如果你有支手機，很可能是「快克黑莓」[28]。每個競爭對手的手機都試圖加入更多按鈕，因為那是黑莓機定義來的業界常態。業者把整個鍵盤藏在螢幕後面，用大拇指把螢幕蓋滑上去就可以打字。但賈伯斯忠於自己的想法。沒有按鈕。iPhone 於 2007 年 1 月 9 日發表時，蘋果公司是第一家徹底改造成無按鈕設計的主要企業。它將技術與藝術融為一體。十年後，2016 年第四季，黑莓機市占率降到零。黑莓機的時代結束，退出手機市場，蘋果機變成主導者。

在重新塑造生意和行銷手法時，與眾不同是贏家。奇妙的是，與眾不同並非要你刻意標新立異，與眾不同是要你做真正的自己，盡情展現真實的自己。我們每個人都是與眾不

---

28. 譯注：Crack-Berry，黑莓機的暱稱，意指像快克古柯鹼一樣令人上癮。

同的個體。只有那些全然接納自己並展現出來的人才會引起注意。不要變成熟，求求你了。

我不是說要變幼稚，除非你真正的樣子就是那樣。我說的是擁抱你內心的那個小孩。接受你從過去到現在的樣子。

我希望我的公司長大，但不要變老。如果讓我的公司遵循所有「預期」的安排，我們將失去在市場中脫穎而出的能力。這樣一來，我們將失去擴大與增加收入的能力——這是多大的諷刺啊！我們努力讓我們公司變得像其他正統企業一樣，最後卻因為試圖變得「正統」反倒阻礙自己的發展。

不過，你不會這樣。因為你知道重點在哪。你現在已經明白為什麼與眾不同是瞬間吸睛的重要關鍵。你知道發揮你的獨特可能非常簡單，只要小小調整一下「標準操作程序」。而且你現在有了一個經過驗證的架構，來評估和測試獨特的行銷點子。現在，你可以立即查看任何行銷手法（你的、你競爭對手的、或別人想推銷給你的），並且知道它們是否有機會成功。如果沒有通過 DAD 行銷架構的測試，它就是失敗的行銷方法。就這麼簡單。

要讓行銷發揮作用，必須明確做出差異化、吸引和指示，現在如此，將來也是如此。這樣做，你就會成功。不這樣做，你只是更多的背景噪音。

你已經開始鍛鍊你的行銷肌肉了。你可能先前是抱著對

行銷的恐懼來讀這本書，或者至少是你覺得自己沒辦法想出跳脫框架的創意。現在，你知道那些恐懼都是鬼扯。你的行銷肌肉會隨著每次「與眾不同實驗」的進行，變得越來越強壯。當你嘗試新方法並推出有效的創意巧思，你的信心會隨著你的生意一起成長。你會變得不太在意別人的想法是<u>什麼</u>，開始關注對的人是<u>怎麼想</u>——是什麼讓他們注意到、燃起渴望並採取行動。

你將變得更會計算風險，並且嘗試從事過去你可能沒做過的冒險。只有當你知道自己可以掌控業務發展時，你才會有那種昂首闊步的自信。你可以隨意將調節器撥高或撥低，潛在客戶的流量完全掌握在你的手中。

有時候，別人告訴我和你要「成熟」，其背後動機是想讓我們接受一個與我們價值觀不符的現實。我們為什麼要照做？我的使命是消除創業家的貧窮。你也有任務在身。我們不能接受任何所謂的「現狀」，這麼做可能會讓一些人不開心，但我們必須忠於自己。

有時候——只是偶爾——別人會告訴我們要「成熟」，是因為<u>他們</u>害怕。他們可能意識到自己失去了與真實自我的連結，或者他們可能有種生活在恐懼中的感覺，沒有表現出來。這些人希望你「成熟」，這樣你就順應他們的趨勢；他們希望你不再引起注目，這樣他們就不會因為自己不受關注

而難過。

行銷不只出現在商業場域，也出現在非營利組織、政治場合及校園裡面。有些特別的「行銷」任務需要花很長時間，但這並不表示這類行銷就不值得嘗試。

在 2016 年美式足球賽季的一場比賽中，舊金山 49 人隊（San Francisco 49er）的柯林 • 卡珀尼克（Colin Kaepernick）在國歌演奏時單膝下跪，而不是按照慣例立正把手放在胸前。那樣很特別。他的靈感來自一位退役軍人，這位退役軍人說在為國捐軀的士兵墓前下跪是軍事傳統——在這裡有呼應性，因為在青年體育聯賽，若隊友因賽受傷，球員單膝跪地也很常見。卡珀尼克認為，這個特別的舉動足以引起全國關注他認為一直被忽略的重要問題，也就是向那些死於警察暴行、因而「捐軀」的男男女女致敬。他的「行銷」目標是提高公眾意識。他的「拒絕長大」，方法是一種對順從的發人省思、非常「成熟」的抵抗。

然而，事情發展並未如他所願。他遭許多球迷、NFL 球隊老闆和政客的詆毀。NFL 聯盟祭出禁止球員在國歌儀式下跪的聲明，而且到 2017 年，舊金山 49 人隊才將他釋出。直到 2020 年，發生喬治 • 佛洛伊德之死事件後，NFL 聯盟才收回先前的聲明。NFL 聯盟主席羅傑 • 古戴爾（Roger Goodell）表示：「我們，國家美式足球聯盟，承認我們之

前錯在沒有聽從聯盟球員的意見，鼓勵所有人發聲與和平抗議形式。」有人可能會說，卡珀尼克自 2016 年來沒有被派到任何球隊，所以這個策略不值得，他的努力沒有成功。但我認為，這個策略真的有發揮作用，他的獨特策略最終顯示和平抗議的力量，因為與別人的作法不同，所以引起關注。與眾不同的作法總是會獲勝。如果你知道這是對的，堅持下去，堅持不懈。

不要屈服於一成不變。不要向潮流、最佳作法、業界標準作法或「別人都這要做」的理由低頭。你知道行銷的關鍵是贏得眨眼瞬間，與眾不同將帶你達到你要去的目的地。

不要放棄你的使命任務。不要把它賣掉。不要放棄你希望在你公司看到的發展。不要放棄你的夢想。使用「瞬間吸睛」的行銷力幫助你達到目標。

我兒子傑克申請就讀我深愛的母校維吉尼亞理工學院，但被列入候補名單。這就像是公司在某人開始工作之前強制放假卻沒有解雇他。傑克不接受這樣的決定，他知道自己是眾多申請學生之一，於是他決定做點不一樣的事，來引起招生部門的注意。傑克製作了一張巨大海報看板，上面列出他應該得到錄取的所有理由，然後寄給維吉尼亞理工學院。

不久後，他接到招生委員會主任的來電。「我任職這份工作的二十五年來，從未收過這樣的海報看板。我們不能承

諾任何事，但我們需要重新評估我們的考量。」**我們需要重新評估我們的考量**。與眾不同奏效，與眾不同永遠是贏家。[29]

如果你相信你自己和你的公司，那就堅持下去。如果你相信你是最佳解決方案，如果你知道你是最佳解決方案，你就必須堅持下去。你必須脫穎而出。你有責任引起注意。這是服務他人的第一步，也是必要的一步。

我在柏林曾拿到一個幸運餅乾籤詩，上面寫道：「**粗體**、*斜體*、反正不要標準字體。」我帶在身上，時時提醒自己繼續實踐與眾不同、繼續鍛鍊行銷肌肉、繼續努力掌握瞬間行銷的技巧。我們都需要提醒，因為融入社會的牽引力很強大，還有傾向走簡單路線的誘惑。與眾不同是放大你本身特質與真實自我的**粗體**（和*斜體*）。這就是為什麼不同總是更好，這就是為什麼不同總是勝出。

如果我能在全世界的幸運餅乾插入我自己的籤詩，如果我能確保它會在晚餐後出現在你盤子，上面會寫著：「讓你的事業長大，但不要變老。」帶著你在本書中所學到的，去做更大的夢。現在你知道如何吸引對的人注意，前途無可限量。

如果你確定自己能在需要時得到所有你需要的潛在客戶，你會怎麼做？如果你能超越合理預期、從旁邊滑過去、進入無限可能的境界，你會怎麼樣？到那個時候你會怎麼

---

29. 傑克最後選擇去羅格斯大學（Rutgers）。傑克的「行銷」讓他最終能坐在駕駛座上。他選擇了一所他喜歡的學校。傑克贏了，羅格斯贏了。我覺得維吉尼亞理工學院輸了。歹勢啦！

做？你會創造什麼？你會有什麼樣的創新？你會如何提供服務？

你不再是那個站在山腳下，試圖找出通往山頂最佳路徑的人了。在閱讀本書的時候，在嘗試自己完成「與眾不同實驗」的過程，在致力於真正的與眾不同之際，你已經到達目的地了。你站在山頂，從這裡望過去的景色很不一樣。你可以看到幾英里遠的地方。你的企業前景如何？

無論是什麼樣的景色，我知道你能辦到。你是獨一無二的，我喜歡你這樣。很喜歡。

怎麼樣？準備與眾不同了嗎？

輪到你了。

致謝

　　我開始撰寫第一本書的時候，以為寫書就像用一塊黏土塑造雕像。現在回過頭看，寫書更像是用大理石塊（相當於一棟房子的大小）製作一件件精美的珠寶。整個過程講求精確完美，最重要是堅持不懈。

　　如同我們撰寫本書一樣，我把一塊塊大理石扔在地上，然後由安嘉涅特 · 哈爾波將它們精巧製作成完美搭配的皇冠與戒指。我真心覺得這本是我們合作十四年來最好的作品。我對於上本書《搞定下個問題》也有相同感覺；而在那之前的《放手經營》和再前一本的《獲利優先》都有過同樣感受。在我看來，每本書都比前作更出色。這就是我對於卓越夥伴關係的定義。安嘉涅特，感謝妳高深的文學造詣與努力。更感謝妳的重情重義。

　　十五年來，我一直與另一位設計大師利茲 · 多布林斯卡（Liz Dobrinska）合作。本書封面是利茲的作品。本書裡面的圖表、搭配本書的網站、以及你所看到的或接觸到的每一個圖示都是利茲的傑作。我想謝謝妳，利茲，選擇與我日

復一日的合作。我大概十五分鐘後會打給妳。

感謝我的編輯諾亞・史瓦茲伯格（Noah Schwartzberg）。與你工作的美好，我難以一言道盡。我只能說我和其他作者「不一樣」，可是你不僅忍受我對於一切的反覆測試與確認，而且你看出這個過程的價值。封面經過幾十種版本的測試和確認。無數書名、副標、試讀本都經過測試與確認。這麼多的資料，再加上安嘉涅特與我源源不絕的想法，你都能確保這本書以最好方式呈現給企業家。而且我的聲音，一刻也沒有消失。謝謝你把全部整合在一起。

我要感謝賈斯汀・懷斯，我在本書幕後服務機構「與眾不同公司」（The Different Company）[30] 的合作夥伴。你的建議至今仍然不同凡響。你不僅對本書提供反饋，而且是這個系統本身的創新者。感謝你在本書出版的前幾年向企業家傳授「與眾不同」。這招真的管用，你已經證明了！

幕後有一整個團隊為化繁為簡的創業旅程而孜孜不倦努力。感謝我們的總裁凱爾西・艾爾斯（Kelsey Ayres）領導我們完成消除創業貧窮的使命。感謝艾咪・卡利特（Amy Cartelli）為推動我們的發展做了任何需要做的事情。感謝珍娜・羅倫茲（Jenna Lorenz）成為我們品牌的代言人。感謝傑瑞米・史密斯（Jeremy Smith）讓數位世界每天都能了解正在發生的一切。感謝艾琳・查佐特（Erin Chazotte）

---

30. 如果想確保自己正在做正確的事，鼓勵到 differentcompany.co 使用我們的輔導和培訓服務。請注意是「.CO」而不是「.COM」。你知道的，「.COM」太普通了。

在我需要的時候出現在我需要的地方。感謝阿黛拉 · 米卡洛維茲（Adayla Michalowicz）。當初那個拿著豬豬撲滿的小女孩，現在已經長大成人，正在攻讀碩士學位——並負責讀者交流，做些 Instagram 接管的工作。感謝我們的新朋友 Cordé Reed，為我們的專家社群提供服務，讓他們能夠反過來為企業家服務。

我也想感謝 Hoosier Security 和 CCTV Dynamics 的小阿曼多 · 沛雷斯（Armando Perez Jr.），你的故事很有影響力，我發誓我會把它寫進我的其中一本書。感謝你讓我一次又一次採訪你。你看，你在這本書裡，我早說過了。

謝謝你和你。你的工作為全球經濟服務，你的成功就是全世界的成功。

P.S. 感謝我的經紀人。史蒂芬 · 金會留下深刻印象的。

附錄

>>>>>>>>>>>>>>>>>>

附錄一

這套「與眾不同行銷流程」會指導你進行實驗、變數修改，最終將成功的實驗落實到行銷計畫中。

與眾不同行銷流程

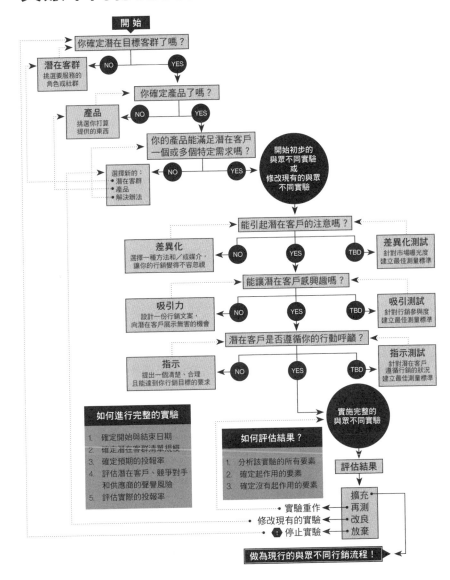

開始

你確定潛在目標客群了嗎？

潛在客群
挑選要服務的
角色或社群

NO　YES

你確定產品了嗎？

產品
挑選你打算
提供的東西

NO　YES

你的產品能滿足潛在客戶
一個或多個特定需求嗎？

開始初步的
與眾不同實驗
或
修改現有的與眾
不同實驗

選新新的：
• 潛在客群
• 產品
• 解決辦法

NO　YES

能引起潛在客戶的注意嗎？

差異化
選擇一種方法和／或媒介，
讓你的行銷變得不容忽視

NO　YES　TBD

差異化測試
針對市場曝光度
建立最佳測量標準

能讓潛在客戶感興趣嗎？

吸引力
設計一份行銷文案，
向潛在客戶展示無害的機會

NO　YES　TBD

吸引測試
針對行銷參與度
建立最佳測量標準

潛在客戶是否遵循你的行動呼籲？

指示
提出一個清楚、合理
且能達到你行銷目標的要求

NO　YES　TBD

指示測試
針對潛在客戶
遵循行銷的狀況
建立最佳測量標準

實施完整的
與眾不同實驗

如何進行完整的實驗

1. 確定開始與結束日期
2. 確定潛在客群清單規模
3. 確定預期的投報率
4. 評估潛在客戶、競爭對手
   和供應商的聲譽風險
5. 評估實際的投報率

如何評估結果？

1. 分析該實驗的所有要素
2. 確定起作用的要素
3. 確定沒有起作用的要素

評估結果

擴充
再測
改良
放棄

實驗重作

修改現有的實驗

！停止實驗

做為現行的與眾不同行銷流程！

附錄二

「擴充的DAD行銷架構」展現了瞬間吸睛行銷的各個階段。
首先你必須做出「差異化」引起潛在客戶的注意。這個瞬間
大約持續十分之一秒,比眨眼還要快。然後,你必須「吸引」
潛在客戶,保持他們的參與度。你必須向潛在客戶展現,而
且是持續展現出關注你的銷售所帶來的良機比捨棄關注更有
價值。只有當潛在客戶從中獲益而且看見機會,你才能保持
他們的參與度。在最後階段,你要「指示」潛在客戶採取行
動。要說服他們,他們必須明白,答應你的請求是利大於弊。

	差異化 （DIFFERENTIATE）	吸引力 （ATTRACT）	指示 （DIRECT）
行銷目標	贏得潛在客戶的目光	吸引潛在客戶的參與	說服潛在客戶的遵循
決策速度	1/10 秒	以 1/4 秒累加	1/4 秒
失敗的要點	已知威脅＝ 潛在客戶選擇避免 已知不相關＝ 潛在客戶選擇忽略	發現威脅＝ 潛在客戶選擇避免 發現不相關＝ 潛在客戶選擇忽略	不合理的要求＝ 潛在客戶選擇避免
成功的要點	已知機會＝ 吸引潛在客戶參與 或 未知＆意想不到＝ 吸引潛在客戶參與	發現機會＝ 潛在客戶開始考慮	合理的要求＝ 潛在客戶選擇遵循

附錄三

與眾不同實驗表單。利用這個工具進行每一項行銷實驗,然後評估結果。當你確定某個行銷實驗的評估結果為「擴充＆追蹤」,那就表示已找到可以落實到行銷計畫的方式。

與眾不同的實驗表單

名稱＿＿＿＿＿＿＿＿＿＿
日期＿＿＿＿＿＿第＿＿＿次測試

步驟一：目標	**對象** 誰是理想的潛在客戶？	
	產品 提供給他們的最佳服務是什麼？	
	勝利 你想要什麼結果？	
步驟二：投資	**顧客終身價值（LTV）：**＿＿＿＿＿＿＿＿ 典型顧客生命週期帶來的價值（收益）	**備註：**
	可能的成交率：每＿＿＿＿**當中有**＿＿＿＿ 你預期潛在往來客戶的成交率，例如每五個客戶當中有一個成交	
	每位潛在客戶的投資額度：＿＿＿＿＿＿＿ 你願意為每位潛在客戶冒險投入的金額	
步驟三：實驗	**媒介：**＿＿＿＿＿＿＿＿＿＿＿＿＿＿ 你會使用什麼行銷平台？例如網站、電子郵件、DM 行銷、廣告牌等 **點子：**	**這些作法有通過 DAD 行銷架構嗎？** ☐ 差異化 ☐ 吸引力 ☐ 指示

步驟四：測量	預期目標	實際成果
	開始日期：＿＿＿＿＿＿＿＿＿	結束日期：＿＿＿＿＿＿＿＿＿
	預期潛在客戶人數：＿＿＿＿＿＿	實際潛在客戶人數：＿＿＿＿＿＿
	預期回報：＿＿＿＿＿＿＿＿＿	實際回報：＿＿＿＿＿＿＿＿＿
	預期投資額：＿＿＿＿＿＿＿＿	實際投資額：＿＿＿＿＿＿＿＿

觀察：

評估結果 {

擴充＆追蹤	再測	改良	放棄
作為可持續發展的策略	測試新樣本	改善後再測	重啟另個新實驗

附錄四

這個工具，可以幫助你提煉出你在顧客和聯絡人眼中的獨特
之處。

找出你的獨特之處

名稱：＿＿＿＿＿＿＿＿＿＿

日期：＿＿＿＿＿＿＿＿＿＿

第一步：找出他們	**關係／聯絡人**

一年以下
1.
2.
3.
4.

一到十年
5.
6.
7.
8.

十年以上
9.
10.
11.
12.

操作說明：找出十二位非常了解你（或你公司）的人。其中四位應該找關係不到一年的人。接下來四位應該找認識你（或你公司）一年以上但不到十年的人。最後一組四位應該找認識你（或你公司）十年以上的人。你不需要與這些人積極聯絡或有什麼關係，你只要有辦法聯絡到他們。

第二步：詢問他們

把這段訊息寄給他們：

我的企業教練給了我一項任務，需要馬上完成。我必須找個對我非常了解的人，希望你能幫我這個大忙！我需要知道你覺得我的「差異因子」是什麼：我做得比別人好或不一樣的地方。回覆不用太長，一句話即可。我將採用你的見解來改善我們的業務定位。非常感謝！

□1 □2 □3 □4 □5 □6 □7 □8 □9 □10 □11 □12

操作說明：把這段訊息寄給你上面列出的十二位聯絡人。如果你想確定你公司的獨特性，而不是你自己的，請把文字改成「我必須找個對我的公司非常了解的人」和「我需要知道你覺得我們公司的差異因子是什麼」。

第三步：排序

將反饋意見排序：

1

2

3

操作說明：你需要至少十個答覆，這個練習才有效。如果沒有達到該門檻，請聯繫其他聯絡人。檢視你從聯絡人那裡收到的答覆。找出關於你的「差異因素」最常見的三個意見。把意見寫進上面的方框內，一個方框一個意見。

第四步：精煉

你的獨特之處：

1. ＿＿＿＿＿＿＿＿＿＿＿＿＿＿＿＿＿
＿＿＿＿＿＿＿＿＿＿＿形容詞1. ＿＿＿＿＿＿＿＿
2. ＿＿＿＿＿＿＿＿＿＿＿＿＿＿＿＿＿
＿＿＿＿＿＿＿＿＿＿＿形容詞2. ＿＿＿＿＿＿＿＿
3. ＿＿＿＿＿＿＿＿＿＿＿＿＿＿＿＿＿
＿＿＿＿＿＿＿＿＿＿＿形容詞3. ＿＿＿＿＿＿＿＿

操作說明：根據第三步確認的前三個「差異因子」，寫下你在這些答覆中看到的三個重要主題。給予每個主題一個最能體現該主題的簡短話語和形容詞。用你自己的話，寫出這些主題如何讓你和潛在客戶交流時與眾不同。

▌作者的話

　　感謝你閱讀這本書，我衷心希望能幫助你實現你預想的企業（和生活）目標。能夠參與你的行銷旅程，我感到非常榮幸。

　　我想請你幫個忙。

　　你願意發表一篇關於《瞬間吸睛行銷術》的真實評論嗎？

　　我會這樣問，是因為書評是讓其他企業主、領導者和專業人士發現本書並判定是否對他們有價值的最有效方式。

　　你的評論，即使是一、兩句話，都能達到這個效果。

　　只要到你購買本書的網站（或書店的網站）提交你的評論即可。

　　再次說明，我只需要你真實的反饋。

　　感謝你的考慮。也感謝你參與我的行銷旅程。

麥可

參考資料

第一章｜行銷是你的責任

- H. R. Schiffman, Sensation and Perception: An Integrated Approach (New York: John Wiley and Sons, Inc., 2001).

第三章｜一百個目標

- Piroska Bisits-Bullen, "How to Choose a Sample Size (for the StatisticallyChallenged)," Tools4Dev, accessed November 2, 2019, http://www.tools4dev.org/resources/how-to-choose-a-sample-size/

第四章｜用差異化引起注意

- Maury Brown, "A Deep Dive into the MLB's Financial Losses for the 2020 Season," Forbes, May 18, 2020, https://www.forbes.com/sites/maurybrown/2020/05/18/a-deep-dive-into-mlbs-financial-losses-for-the-2020-season/?sh=444d20da7f6c

第五章｜用吸引力留住目光

- Therese Fessenden, "The Authority Principle," Nielsen Norman Group, February 4, 2018, https://www.nngroup.com/articles/authority-principle/.
- CJ Ng, "Customers Don't Buy from People They Like, They Buy from Those They Trust," Ezinearticles.com, accessed January 23, 2021, https://ezinearticles.com/?Customers-Dont-Buy-From-People-They-Like,-They-Buy-From-Those-They-Trust.
- Tom Stafford, "How Liars Create the 'Illusion of Truth,'" BBC, October 26, 2016, https://www.bbc.com/future/article/20161026-how-liars-create-the-illusion-of-truth.
- Elisa Rogers, "The Psychology of Status Purchases: Why We Buy," Thrive Global, May 6, 2019, https://thriveglobal.com/stories/the-psychology-of-status-purchases-why-we-buy/.
- Zach St. George, "Curiosity Depends on What You Already Know,"

Nautilus, February 25, 2016, https://nautil.us/issue/33/attraction/ curiosity-depends-on-what-you-already-know.

- Dianne Grande, "The Neuroscience of Feeling Safe and Connected," Psychology Today, September 24, 2018, https://www.psychologytoday.com/us/blog/in-it-together/201809/the-neuroscience-feeling-safe-and-connected.
- Sheryl Nance- Nash, "Watch Out for 'Comfort Buying' during Pandemic," Newsday, updated May 10, 2020, https://www.newsday.com/business/coronavirus/comfort-buying-pandemic-1.44477117.
- Joshua Becker, "Understanding the Diderot Effect (and How to Overcome It)," Becoming Minimalist, accessed January 23, 2021, https://www.becomingminimalist.com/diderot/.
- Karyn Hall, "Create a Sense of Belonging," Psychology Today, March 24, 2014, https://www.psychologytoday.com/us/blog/pieces-mind/201403/create-sense-belonging.
- Mahtab Alam Quddusi, "The Importance of Good Health in Our Life—How Can We Achieve Good Health and Well Being?," The Scientific World, December 27, 2019, https://www.scientificworld-info.com/2019/12/importance-of-good-health-in-our-life.html.
- Cole Schafer, "The Psychology of Selling," Honey Copy, July 1, 2018, https://www.honeycopy.com/copywritingblog/the-psychology-of-selling.
- Divya Pahwa, "Why Are We Attracted to Beautiful Things?," Be Yourself, August 11, 2013,https://byrslf.co/why-are-we-attracted-to-beautiful-things-b65f0e76074a.
- "The Need for Recognition, Cornerstone of Self- Esteem," Exploring Your Mind, January 18, 2016, https://exploringyourmind.com/need-recognition-cornerstone-self-esteem/.
- Robert Stephens, "Robert Stephens Founded the Geek Squad and Took It from Bootstrapped Inception to Over $1 Billion in (Estimated) Revenues (Just Watch This Interview. Trust Me. It's Good.)," interview by Clay Collins, The Marketing Show, Leadpages (transcript), July 10, 2012, https://www.leadpages.com/blog/robert-stephens-geek-squad-best-buy/.

第六章 | 運用指示推進目標

- W. Michael Lynn, MegaTips 2: Twenty Tested Techniques to In¬crease Your Tips, Cornell Hospitality Tools 2, no. 1 (March 2011), https://static.secure.website/wscfus/5261551/uploads/CHRmegatips2.pdf.

第九章 | 找出弱點的優勢

- Anne Raver, "Now It Can Be Told: All about Squirrels and Nuts," New York Times, December 11, 1994, https://www.nytimes.com/1994/12/11/nyregion/cuttings-now-it-can-be-told-all-about-squirrels-and-nuts.html.
- Abril McCloud, "Detour of the Year: How Burger King Swerved Its Way to 6MM Loyal App Users," mParticle, January 22, 2020, https://www.mparticle.com/customers/burger-king-whopper-detour.
- Louise Grimmer and Martin Grimmer, "Dolly Parton Is a 'Great Unifier' in a Divided America. Here's Why," The Conversation, via ABC News, November 24, 2019, https://www.abc.net.au/news/2019-11-25/how-marketers-measure-dolly-partons-magic/11733972.

國家圖書館出版品預行編目 (CIP) 資料

瞬間吸睛行銷力/麥克.米卡洛維茲(Mike Michalowicz)著;陳珮榆譯.
-- 初版. -- 臺北市:遠流出版事業股份有限公司, 2022.04
　面;　公分
譯自 : Get different : marketing that can't be ignored!
ISBN 978-957-32-9491-7(平裝)

1.CST: 行銷策略 2.CST: 品牌行銷

496　　　　　　　　　　　　　　　　111002975

瞬間吸睛行銷力

作　　　者┃麥克‧米卡洛維茲（Mike Michalowicz）

譯　　　者┃陳珮榆

總監暨總編輯┃林馨琴

責 任 編 輯┃楊伊琳

行 銷 企 畫┃陳盈潔

封 面 構 成┃王信中

內 頁 設 計┃邱方鈺

發　行　人┃王榮文

出 版 發 行┃遠流出版事業股份有限公司

　　　　　　地址┃台北市中山區中山北路一段 11 號 13 樓

　　　　　　客服電話┃02-25710297

　　　　　　傳真┃02-25710197　郵撥┃0189456-1

著作權顧問┃蕭雄淋律師

2022 年 4 月 1 日　初版一刷

定價　新台幣 380 元（如有缺頁或破損，請寄回更換）

有著作權‧侵害必究　Printed in Taiwan

ISBN 978-957-32-9491-7

YL*ib* 遠流博識網 ┃ https://m.ylib.com/ ┃ E-mail：ylib@ylib.com